职业教育新形态规划教材

高压电气绝缘检测工作页

王喜燕　马广胜　◎主编

第二版

化学工业出版社

·北京·

内 容 简 介

本书各任务分为学习页和工作页两部分。学习页详细介绍了各绝缘预防性试验的试验原理、试验所用设备、试验方法；工作页主要培养学生的学习动手能力，需要学生自行完成试验，并记录试验数据，最终根据试验结果得出结论。

本书可作为高职院校电气化铁道技术专业及相关专业的实践教学用书，也可供电气化铁道及相关专业从事供电运行、维护的现场工程技术人员参考。

图书在版编目（CIP）数据

高压电气绝缘检测工作页/王喜燕，马广胜主编. —2版. —北京：化学工业出版社，2021.7（2024.9重印）
职业教育新形态规划教材
ISBN 978-7-122-38834-6

Ⅰ.①高… Ⅱ.①王…②马… Ⅲ.①高压电气设备-绝缘检测-高等职业教育-教材 Ⅳ.①TM855

中国版本图书馆 CIP 数据核字（2021）第 055640 号

责任编辑：潘新文　　　　　　　　　装帧设计：韩　飞
责任校对：宋　夏

出版发行：化学工业出版社（北京市东城区青年湖南街 13 号　邮政编码 100011）
印　　装：北京盛通数码印刷有限公司
787mm×1092mm　1/16　印张 9½　字数 231 千字　　2024 年 9 月北京第 2 版第 4 次印刷

购书咨询：010-64518888　　　　　　售后服务：010-64518899
网　　址：http://www.cip.com.cn
凡购买本书，如有缺损质量问题，本社销售中心负责调换。

定　价：36.00元

第二版前言

随着国民经济的发展，社会生产对电能的需求越来越大，电力系统工作电压也不断提高，高压电气设备的绝缘问题也愈显突出。 高压电气设备在运行时除了受到正常工作电压作用外，还会受到过电压的作用，过电压远远超过正常工作电压，极易造成绝缘的破坏，直接影响供电的安全性和可靠性。

从事供电专业的从业人员在电气设备的设计、安装、调试及运行工作中，都会遇到电气设备的绝缘问题，特别是高压电气设备的绝缘问题，因此绝缘的检测试验必不可少。 本书第一版于 2014 年出版，为了紧跟当代技术的发展，本次修订对原书部分内容进行了修改和完善，将理论与试验相结合，在学习页中详细介绍了各种高压电气绝缘试验原理和试验所用仪器，之后的工作页则需要学生通过试验完成。 本书编写力求让读者切实掌握试验仪器操作方法，学会利用相关仪器进行绝缘预防性试验和高压电气设备绝缘试验，并能根据试验数据做出绝缘性能的初步判断。

本书由王喜燕、马广胜主编，周郑、陈庆花任副主编。 其中任务一、任务二、任务三、任务四由郑州铁路职业技术学院王喜燕编写；任务五、任务八、任务九、任务十由郑州铁路职业技术学院陈庆花编写；任务六、任务十一由郑州铁路职业技术学院周郑编写；任务七由郑州铁路职业技术学院王睿编写；任务十二由中国铁路郑州局集团有限公司马广胜编写。全书由王喜燕统稿。

限于编者水平，书中难免存在一些疏漏和不足之处，恳请读者批评指正。

编者

2021 年 3 月

目 录

任务一 高压电气设备绝缘基本知识认知

>>>>>>>>>>>>>>>>>>>>>>>>>>>>

一、一次设备试验目的和要求

电力变电所或电气化铁路牵引变电所的首要任务是安全可靠地供电。任何故障造成的停电都会影响工农业生产及铁路的正常运输秩序，给国民经济造成巨大的损失。所以各种类型的变电所在建成后投入运行前，为了保证各种一次设备（即高压电气设备）运行可靠、性能良好，进行一系列的试验是非常必要的。

绝缘试验基本概念

新建的变电所或新安装和大修后的电气设备都要按规定进行交接试验。其目的是检验新安装或大修后的电气设备性能是否符合有关技术标准的规定，判定新安装的电气设备在运输以及设备大修后其修理部位的质量。

对于正在运行中的电气设备，则按规定周期进行例行试验，一般将这种例行试验称作预防性试验。通过预防性试验可以及时发现电气设备内部隐藏的缺陷，配合检修加以消除，以避免设备绝缘在运行中由于工作电压尤其是系统过电压的作用被击穿，造成停电甚至严重烧坏设备。这样就能做到预防为主，使设备长期、安全、经济地运行。

鉴于上述试验目的，要求实验人员熟练掌握试验操作技术，还要坚持科学态度。一方面，要准确无误地反映出电气设备绝缘材料的实际性能指标和设备的工作状况；另一方面，能对试验结果进行全面、综合分析，掌握设备性能变化的规律和趋势。从电力管理部门或电气化铁路供电段来说，要加强技术管理，健全档案资料，开展技术革新，不断提高试验水平。

二、试验的分类

高压电气设备试验，根据其作用和要求，大致分为两大类，即绝缘试验和特性试验。

（一）绝缘试验

变电所高压电气设备在运行中的可靠性在相当大程度上取决于其绝缘的可靠性，而对绝缘状况的判断和检测，最重要的手段之一就是绝缘试验，这种绝缘试验又可分为破坏性试验和非破坏性试验两大类。

破坏性试验又称耐压试验，能暴露那些危险性较大的集中性缺陷，保证绝缘有一定的水平和裕度，例如工频耐压试验、感应耐压试验、操作波试验、冲击试验等均属破坏性试验。其缺点是可能会在耐压试验时给绝缘带来一定的损伤。

非破坏性试验就是指在较低的电压下或者用其他不会损伤绝缘的办法来测量绝缘的各种特性，从而判断绝缘内部的缺陷，例如绝缘电阻和泄漏电流测量、绝缘介质损耗角正切值测量、绝缘油的物化特性和油中气体色谱分析、空载试验、局部放电的超声波测量等。这类试验的缺点是不能只靠它来可靠地判断绝缘的耐压水平，所以至今耐压试验仍然是绝缘试验的主要方法。耐压试验要具备一定的试验条件，往往由于现场条件的限制，耐压试验不能进行，即使能做耐压试验，一般也是在非破坏性试验后才进行，以避免不应有的击穿破坏；如未经处理就贸然进行交流耐压试验，设备就很有可能被击穿，造成不应有的损失。因而非破坏性试验作为判断绝缘状况的手段之一是很重要的，尤其是对于运行中的变电所一次设备的预防性试验，它更是一项主要的内容。

（二）特性试验

通常把绝缘特性以外的试验统称为特性试验。这类试验主要是检测设备的电气或机械的某些特性，例如变压器和互感器线圈直流电阻试验、变比试验、连接组试验，以及断路器的接触电阻、跳合闸时间及速度特性试验等均属于特性试验。

上述试验有它们的共同目的，就是通过试验分别发现设备的某些缺陷，但又各具有一定的局限性。试验人员则需要根据试验结果，结合出厂数据及历年测试数据进行"纵"的比较，并与同类型设备的试验数据及标准进行"横向"的比较，经过综合判断来发现电气设备绝缘缺陷或薄弱环节，以及发现其他损伤，为检修提供依据。

三、高电压试验安全规则

进行绝缘试验时，都会遇到向被试电气设备（称作"试品"）施加直流或交流高电压问题；运行中的变电所在进行试验时周围电气设备也带有高电压。为了确保人身安全和设备正常运行，高电压试验应有严密的安全措施。以下各项安全技术措施，试验人员必须牢记并应严格遵守。

① 试验前做好周密的准备工作。a. 拟定试验程序，以做到试验时有条不紊；b. 准备好绝缘接地棒，接地线应用截面不小于 $25mm^2$ 的多股软裸铜线，并不得有断股现象；c. 试验现场应装设遮拦物或围栏，向外悬挂"止步，高压危险！"的标示牌，并派人看守；d. 被试设备两端不在同一地点时，另一端还应派人看守。

② 高压试验工作不得少于两人，试验负责人应由有经验的人员担任；开始试验前，试验负责人应对全体试验人员详细讲解试验中的安全事项。

③ 因试验需要断开电气设备接头时，拆开前应做好标记，恢复连接后应进行检查。

④ 试验装置的金属外壳应可靠接地，高压引线应尽量缩短，必要时用绝缘物支持牢靠。为了在试验时确保高电压回路的任何部分不对接地体放电，高电压回路距接地体（如墙壁、金属围栏、接地线及其他设备等）的距离必须留有足够的裕量。

试验装置的电源开关应使用明显断开的双极闸刀。试验装置应具有可靠的过载及过电压保护措施。

⑤ 加电压前必须认真检查试验接线、仪表倍率、调压器零位及仪表的开始状态，均应正确无误；要通知有关人员离开被试设备，并取得试验负责人许可后方可加压。加压过程中应有人监护并呼唱。

高压试验人员在加压过程中应集中精力，不得与他人闲谈，随时警戒异常现象发生。操作人员应站在绝缘垫上。

⑥ 变更接线或试验结束时，应首先断开试验电源，放电，并将升压装置的高压部分接地。

未装地线的大容量被试设备应先行放电再做试验。进行高压直流试验时，每告一段落或试验结束后，应将设备对地放电数次并短路接地后方可接触。

⑦ 试验结束时，试验人员应拆除自装的接地短路线，并对被试设备进行检查，清理现场。

电力试验所或供电段的高压试验室应设置金属屏蔽网围栏，围栏不仅要有机械联锁，还应有电气联锁，并有红色信号灯和挂有"高压危险"的标示牌。试验人员均应在金属屏蔽网围栏外面进行观察及操作。

人体电阻随电压变化情况如表 1-1 所示。

表 1-1　随电压变化的人体电阻

电压/V	12.5	31.3	125	220	380	1000
人体电阻/Ω	16500	11000	3530	2222	1417	640
通过人体的电流/mA	0.8	2.84	35.2	99	268	1560

人体对电流的反应一般分为 3 个等级，如表 1-2 所示。

表 1-2　人体的感知电流、摆脱电流、致命电流　　　　　　　　　　　　mA

名　称		对于成年男性	对于成年女性
感知电流	工频交流	1.1	0.7
	直流	5.2	3.5
摆脱电流	工频交流	16	10.5
	直流	76	51
致命电流	工频交流	30～50	
	直流	1300(0.3s)、50(3s)	

运行中的变电所进行试验时，作业人员活动范围与其他带电体之间距离（安全距离）不得小于表 1-3 中的规定数值。

表 1-3　不同电压等级下的安全距离　　　　　　　　　　　　　　　　m

电压等级/kV	6～10	25～35	110	220
不设防护栅时	0.7	1.0	1.5	3.0
设有防护栅时	0.35	0.6	1.0	2.0

任务二 绝缘电阻和吸收比的测量

>>>>>>>>>>>>>>>>>>>>>>>>>>>>>>>>>>>

学 习 页

任务描述

① 理解绝缘电阻、吸收比的含义。

② 了解电池型高压绝缘电阻测试仪的结构及工作原理。

③ 掌握用电池型高压绝缘电阻测试仪测量绝缘电阻的接线方法和测试方法。

④ 掌握根据绝缘电阻测试结果分析判断被试品绝缘状况的方法。

电介质的电导

一、学习准备

(一) 绝缘电阻和吸收比

1. 绝缘电阻 R_∞

绝缘电阻是一切电介质的绝缘结构和绝缘状态最基本的综合性特性参数。在一定的直流电压 U 的作用下，绝缘结构中的泄漏电流 I 与绝缘电阻 R_∞ 成反比关系，即 $R_\infty = \dfrac{U}{I}$。绝缘电阻越大，泄漏电流越小；反之，绝缘电阻越小，泄漏电流越大。绝缘电阻、泄漏电流与绝缘状况密切相关，良好的绝缘结构，其带电质点数量很少，泄漏电流很小，绝缘电阻很大；受潮、存在贯通性缺陷、有脏污等状况不良的绝缘结构，其带电质点数量急剧增多，泄漏电流明显增大，绝缘电阻明显减小。根据这个原理，可以通过测量绝缘电阻的大小来确定绝缘泄漏电流的情况，进而可以判断绝缘的状况。因此，测量绝缘电阻能够对电气设备的绝缘是否存在整体受潮、整体劣化和贯通性集中缺陷等进行有效监测。绝缘电阻的测量值容易受到温度、湿度、绝缘物的结构尺寸等因素的影响。

2. 吸收比 K

绝缘电阻的相对值即吸收比。大多电气设备的绝缘采用组合绝缘或层式结构绝缘，例如电机绝缘中用的云母带是用胶把纸或绸布和云母片粘合而制成，变压器绝缘中用的油和纸等。这两种绝缘结构在直流电压下均有明显的吸收现象，使外电路中有一个随时间而衰减的吸收电流，可以通过测量在电流衰减过程中任意两个瞬间的电流值或两个相应的绝缘电阻值，计算其比值，来判定绝缘是否严重受潮或存在局部缺陷，进而对电气设备的绝缘做出较为准确的判断。

在一定的外加直流电压 U 的作用下，绝缘中的电流存在随时间的延长而逐渐减小并趋于稳定值（泄漏电流 I）的趋势，当试品容量较大时，这种电流逐渐减小的过程会变得非常长，可达数分钟甚至更长，这是由于绝缘在充电过程中逐渐"吸收"电荷，称为吸收现象，对应的电流称为吸收电流。

对于状况良好的绝缘，由于其泄漏电流 I_1 较小，在电压作用下电流趋于稳定值的吸收过程较长，吸收现象明显；而对于状况不良的绝缘，由于其泄漏电流 I_2 较大，在电压作用下电流趋于稳定值的吸收过程较短，吸收现象不明显，如图 2-1(a) 所示。绝缘电阻随时间的延长而逐渐增大并趋于稳定值——绝缘电阻 R_∞，如图 2-1(b) 所示。

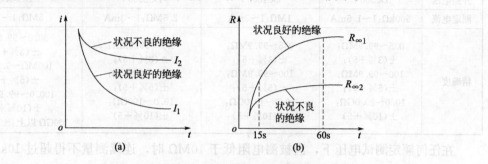

图 2-1 绝缘在直流电压作用下的吸收现象

可以利用吸收现象来判断绝缘的状况。在图 2-1(b) 中，状况良好的绝缘，由于吸收现象明显，加压 15s 时的电阻值与加压 60s 时的电阻值相差较大；而状况不良的绝缘，由于吸收现象不明显，加压 15s 时的电阻值与加压 60s 时的电阻值相差不大。通常采用吸收比来反映绝缘的吸收现象。吸收比 K 是指加压 60s 时绝缘的电阻值 R_{60} 与加压 15s 时绝缘的电阻 R_{15} 之比，即

$$K = \frac{R_{60}}{R_{15}} \tag{2-1}$$

显然，K 值越大，吸收现象越明显，绝缘状况越好。《电力设备预防性试验规程》中规定：$K \geqslant 1.3$ 为绝缘干燥；$K < 1.3$ 为绝缘受潮。K 值接近于 1 时一般认为绝缘严重受潮或有其他缺陷。

吸收比是同一试品在两个不同时刻的绝缘电阻的比值，排除了绝缘结构和体积尺寸的影响，所以同类设备的吸收比可使用同样的判断标准。而即便是同类设备，其他条件都相同但型号不同时，绝缘电阻值也不相同，所以只有同型号设备间的绝缘电阻相比较才有意义。

利用吸收比来判断电机、变压器、电容器等电容量较大的电气设备的绝缘受潮情况很有效。需要指出的是，有时绝缘的一些集中性缺陷已经很严重，以致在耐压试验时被击穿，但在耐压试验之前测出的绝缘电阻值和吸收比却很高，这是因为这些缺陷虽然严重，但还没有出现贯通性缺陷。因此，单凭绝缘电阻和吸收比来判断绝缘状况是不可靠的。

（二）DY3125 绝缘电阻测试仪

DY3125 绝缘电阻测试仪整机电路设计以微机技术为核心，采用大规模集成电路和分立器件相结合方式设计，配有测量和数据处理软件，可完成绝缘电阻、电压等参数的测量。DY3125 绝缘电阻测试仪采用液晶显示，具有低电池警告指示和电阻超限指示。DY3125 绝缘电阻测试仪的直流电压测试范围为 ± （30～600）V，交流电压测试范围为 30～600V，工作环境温度要求在 -10～40℃ 内，环境相对湿度不能高于 85%。DY3125 绝缘电阻测试仪外

形尺寸为 $202mm \times 155mm \times 94mm$，质量 2kg（含电池）。DY3125 绝缘电阻测试仪测试规格见表 2-1。

表 2-1　DY3125 绝缘电阻测试仪测试规格

额定电压	500V	1000V	2500V	5000V
测量范围	$0.5M\Omega \sim 20G\Omega$	$2M\Omega \sim 40G\Omega$	$5M\Omega \sim 100G\Omega$	$10M\Omega \sim 1000G\Omega$
开路电压	DC500V	DC1000V	DC2500V	DC5000V
测定电流	$500k\Omega: 1 \sim 1.5mA$	$1M\Omega: 1 \sim 3mA$	$2.5M\Omega: 1 \sim 3mA$	$5M\Omega: 1 \sim 3mA$
精确度	$0.5 \sim 99.9M\Omega$： $\pm(3\%+5)$； $100 \sim 99.9M\Omega$： $\pm(5\%+5)$； $10.0 \sim 20.0G\Omega$： $\pm(10\%+5)$	$0.5 \sim 99.9M\Omega$： $\pm(3\%+5)$； $100 \sim 99.9M\Omega$： $\pm(5\%+5)$； $10.0 \sim 40.0G\Omega$： $\pm(10\%+5)$	$0.5 \sim 99.9M\Omega$： $\pm(3\%+5)$； $100 \sim 99.9M\Omega$： $\pm(5\%+5)$； $10.0 \sim 100G\Omega$： $\pm(10\%+5)$	$30.0 \sim 99.9M\Omega$： $\pm(3\%+5)$； $100M\Omega \sim 9.99G\Omega$： $\pm(5\%+5)$； $100.0 \sim 99.9.0G\Omega$： $\pm(10\%+5)$； $100G\Omega$ 以上：$\pm(20\%+5)$

在任何额定测试电压下，当被测电阻低于 $10M\Omega$ 时，连续测量不得超过 10s。DY3125 绝缘电阻测试仪外观图见图 2-2。

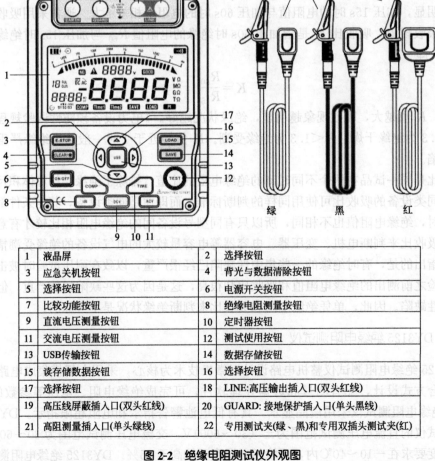

1	液晶屏	2	选择按钮
3	应急关机按钮	4	背光与数据清除按钮
5	选择按钮	6	电源开关按钮
7	比较功能按钮	8	绝缘电阻测量按钮
9	直流电压测量按钮	10	定时器按钮
11	交流电压测量按钮	12	测试使用按钮
13	USB传输按钮	14	数据存储按钮
15	读存储数据按钮	16	选择按钮
17	选择按钮	18	LINE:高压输出插入口(双头红线)
19	高压线屏蔽插入口(双头红线)	20	GUARD:接地保护插入口(单头黑线)
21	高阻测量插入口(单头绿线)	22	专用测试夹(绿、黑)和专用双插头测试夹(红)

图 2-2　绝缘电阻测试仪外观图

DY3125 绝缘电阻测试仪的 LED 显示功能图见图 2-3。

1	直流符号	2	存储数据满符号
3	清零符号	4	交流符号
5	定时器标志	6	步进提示符
7	比较功能标志	8	负极符号
9	定时器1标志	10	定时器2标志
11	数据存储提示符	12	读存储数据提示符
13	极化指数标志	14	单位符号
15	蜂鸣器符号	16	比较功能通过提示符
17	条形图(模拟条)	18	高压提示符
19	比较功能不通过提示符	20	适配器符号
21	电池标志		

图 2-3 LED 显示功能图

绝缘电阻测量接线图见图 2-4，注意勿在高压输出状态下将两个测试表笔短接，在高压输出之后测量绝缘电阻极易产生火花而引起火灾，并损坏仪器本身。当 500V 下测量电阻低于 2MΩ，1000V 下测量电阻低于 5MΩ，1500V 下测量电阻低于 8MΩ，2500V 下测量电阻低于 10MΩ 时，测量时间不要超过 10s。无测试电压输出时，按▲键和▼键选择测试电压（500V/1000V/2500V/5000V）。

在测量绝缘电阻前，待测电路必须完全放电，并且与电源电路完全隔离。将红测试线插入 LINE 输入端口，黑测试线插入 GUARD 输入端口，绿测试线插入 EARTH 输入端口。将红、黑鳄鱼夹接入被测电路。

（1）连续测量

按 TIME 键，选择连续测量模式，在液晶屏上无定时器标志显示，此后按住 TEST 键 1s 进行连续测量，输出绝缘电阻测试电压，测试红灯发亮，在液晶屏上高压提示符闪烁。在测试完以后，按下 TEST 键，关闭绝缘电阻测试电压输出，测试红灯灭，高压提示符消失，在液晶屏上保持当前测量的绝缘电阻值。

（2）定时器测量

按 TIME 键，选择定时器测量模式，在液晶屏显示"TIME1"和定时器标志符号。通过▲键和▼键设置时间（1min 内以 10s 步进，以后以 30s 步进），按下 TEST 键 2s 进行定

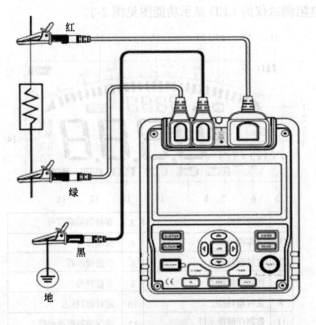

图 2-4　绝缘电阻测量接线图

时器测量，在液晶屏上 TIME1 标志闪烁。当设定的时间到时仪器自动结束测量，然后关闭绝缘电阻测试电压输出，在液晶屏上显示绝缘电阻值。

（3）极化指数测量

按 TIME 键，通过▲键和▼键设置 TIME1 时间，然后再按 TIME 键，液晶屏显示"TIME2""PI"符号和定时器标志符号，通过▲键和▼键设置 TIME2 时间，此后压下 TEST 键2s。在 TIME1 设定时间结束之前，在液晶屏上 TIME1 标志闪烁；当 TIME2 设定时间开始时，液晶屏上 TIME2 标志闪烁，设定时间 TIME2 结束后，液晶屏显示 PI 值；用▲键和▼键循环显示极化指数、TIME2 绝缘电阻值和 TIME1 绝缘电阻值。极化指数评判标准见表 2-2。

表 2-2　极化指数评判标准

极化指数	4 或更大	4~2	2.0~1.0	1.0 或更少些
标准	最好	好	警告	坏

（4）比较功能测量

按 COMP 键选择比较功能测量模式，液晶屏显示"COMP"标志符号和电阻比较值，通过▲键和▼键可设置电阻比较值，按下 TEST 键2s，当绝缘电阻值比电阻比较值小时，液晶屏显示"NG"标志符号，否则液晶屏上显示"GOOD"标志符号。

在测试前要确保待测电路中不带电，切勿测量带电设备或带电线路的绝缘；本仪器有危险电压输出，一定要小心操作，要确保被测物已夹稳并且手已离开测试夹后再按 TEST 键输出高压。电压测量接线图见图 2-5。将红测试线插入 V 输入端口，绿测试线插入 COM 输入端口，将红、绿鳄鱼夹接入被测电路，当测量直流电压时，若红测试线为负极，则负极标志显示在液晶屏上。

注意不要输入高于 600V 的电压，有损坏仪器的危险；测量高电压时，要避免触电。在

8

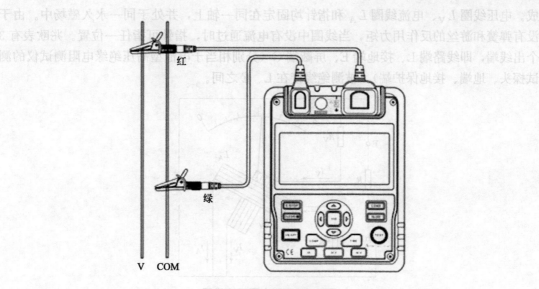

红

绿

V   COM

图 2-5   电压测量接线图

完成所有的测量操作后，要断开测试线与被测电路的连接，并从仪器输入端拿掉测试线。操作中还应注意以下事项。

① 环境温度：（23±5）℃，环境湿度：45%～75%RH。

② 在测量电阻前，待测电路必须完全放电，并且与电源电路完全隔离。

③ 如测试笔或电源适配器破损需要更换，必须换上同样型号和相同电气规格的。

④ 不要在电池盒打开时进行测量。电池指示器指示电能耗尽时，不要使用仪器；勿将新旧电池混合使用。更换电池时要按下 ON/OFF 键关闭电源，并且移开测试导线。

⑤ 不要在高温、高湿、易燃、易爆和强电磁场环境中存放或使用本仪器。

⑥ 应使用湿布或清洁剂来清洁仪器外壳，勿使用摩擦物或溶剂。

⑦ 仪器潮湿时，请先干燥后再存储。

表 2-3 列出了 DY3125 绝缘电阻测试仪中的部分电气符号。

表 2-3   部分电气符号

⚠	可能有电击的危险	~	交流
▣	仪器有双倍绝缘或加固绝缘	⏚	接地
⎓	直流		

（三）测量原理

绝缘电阻和吸收比的测量仪器有多种类型，本书使用电池型高压绝缘电阻测试仪进行测量。电池型高压绝缘电阻测试仪与以前常用的手摇式绝缘电阻表（兆欧表）工作原理相同，不同的是电池型高压绝缘电阻测试仪使用 8 节五号干电池来代替手摇直流发电机作为电源，电压等级也就有所不同。按照要求，各种类型绝缘电阻测试仪接线与兆欧表相同。下面以兆欧表为例来介绍绝缘电阻表的工作原理。

兆欧表原理接线如图 2-6 所示。测量机构由两个互相垂直、绕向相反的线圈和指针组

9

成。电压线圈 L_V、电流线圈 L_A 和指针均固定在同一轴上，并处于同一永久磁场中。由于没有弹簧和游丝的反作用力矩，当线圈中没有电流通过时，指针可指任一位置。兆欧表有 3 个出线端，即线路端 L、接地端 E、屏蔽端 G（分别相当于电池型高压绝缘电阻测试仪的测试探头、地端、接地保护端），被测绝缘接在 L、E 之间。

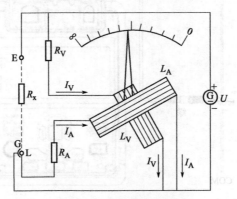

图 2-6　兆欧表原理接线图

当 L、E 间接入被测绝缘时，两个线圈就并联在直流发电机上。在额定电压 U 的作用下，两个线圈中分别流过电流 I_V、I_A，于是在线圈磁场和永久磁场的相互作用下产生两个方向相反的力矩：I_V 产生力矩 M_1 作用于线圈 L_V 上；I_A 产生力矩 M_2 作用于线圈 L_A 上。其中 I_V 正比于电压 U，I_A 流经被测绝缘，反映了绝缘中的泄漏电流。M_1 和 M_2 之差构成可动部分的转动力矩，驱动指针及线圈旋转，直至两个力矩平衡，此时指针稳定在某一位置。指针的偏转角度 α 只与两个并联支路中的电流的比值有关，即

$$\alpha = f\left(\frac{I_V}{I_A}\right) \tag{2-2}$$

而 $I_V = \dfrac{U}{R_V}$，$I_A = \dfrac{U}{R_A + R_x}$，其中 R_x 是被测绝缘的绝缘电阻。所以

$$\alpha = f\left(\frac{I_V}{I_A}\right) = f\left(\frac{R_A + R_x}{R_V}\right) = f'(R_x) \tag{2-3}$$

指针偏转角度 α 的大小就反映出被测绝缘的绝缘电阻 R_x 的大小。

当 L、E 间开路时，线圈 L_A 中的电流 $I_A = 0$，仅有线圈 L_V 中有电流 I_V，这时指针沿逆时针方向转到最大位置"∞"，表示绝缘电阻为无穷大；当 L、E 间短接时，两个线圈中都有电流，但 I_A 达到最大值，指针沿顺时针方向转到最小位置"0"，表示绝缘电阻为零。

由于兆欧表的永久磁场是不均匀的，电压线圈和电流线圈处于磁场中的不同位置，它们所产生的力矩也不均匀，所以兆欧表的表盘刻度是不均匀的，绝缘电阻值越大，表盘刻度越密。

屏蔽端 G 与线路端 L 外部的一个铜环（屏蔽环）相连，并直接接至兆欧表发电机的负极，其作用是旁路 L、E 之间和被测绝缘的表面泄漏电流，如果表面泄漏电流也流过电流线圈 L_A，则 I_A 就是被测绝缘的内部泄漏电流与表面泄漏电流之和，指针所指示的数值也就是绝缘电阻和表面电阻的并联值，这就造成了测量误差。为此，在测量时将屏蔽端 G 直接接在被测绝缘的表面上，例如用裸铜线在绝缘表面缠绕几圈后接在 G 端，这样表面泄漏电流将经 G 端直接流回发电机负极，而不流经电流线圈，电流线圈中流通的只是绝缘的内部

泄漏电流，这样测得的绝缘电阻值才反映了绝缘的真实状况。

想一想

① 电气设备预防性试验对电气设备试验人员有哪些基本要求？
② 影响绝缘电阻测量结果的因素有哪些？如何尽量消除这些因素的影响？
③ 测量绝缘电阻能够发现绝缘的哪些缺陷？
④ 电池型高压绝缘电阻测试仪的使用需要注意什么？
⑤ 如何根据测试结果分析被试品的绝缘状况？

二、计划与实施

（一）试验接线

图 2-7 所示为测量套管绝缘电阻的接线图。试验时将 E 端接于套管的法兰，将 L 端接于导电芯柱。为了保证测量精确，避免由于套管表面受潮等引起测量误差，可在导电芯柱附近的套管表面缠上几匝裸铜丝（或加一金属屏蔽环），并将它接到绝缘电阻表屏蔽端 G。

氧化锌避雷器绝缘
电阻测量微课

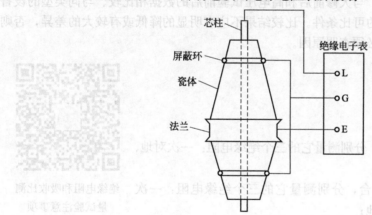

图 2-7 测量套管绝缘电阻的接线图

测量绝缘电阻时，规定以加电压 60s 时测得的数值为该被试品的绝缘电阻值。当被试品中存在贯穿的集中性缺陷时，反映泄漏电流的绝缘电阻值将明显下降，在用绝缘电阻表测量时便很容易发现。

（二）注意事项

① 利用绝缘电阻表测量时，应根据被测设备的额定电压选择合适型号和电压等级的绝缘电阻表。绝缘电阻表的电压过高，在测量时可能损坏被测绝缘，一般额定电压为 1kV 以下的设备选用 500V 或 1000V 的绝缘电阻表；额定电压为 1kV 以上的设备选用 2500V 或 5000V 的绝缘电阻表。
② 测量前要断开被试品的电源及被试品与其他设备的连线，并对被试品进行充分放电。

③ 测量时应确保测试电路中不含有易被高压所损害的元件。

④ 读数时该仪表为水平放置，倾斜将产生读数误差。

⑤ 读取数值后，应先断开绝缘电阻表与被试品的测试线（L 端），然后再关停绝缘电阻表，以免被试品的电容上所充的电荷经绝缘电阻表放电而损坏仪表。

⑥ 温度和湿度对绝缘电阻和吸收比都有较大的影响，测量时应记录当时的温度与湿度，以便进行校正。温度升高时，绝缘电阻显著降低，吸收比也下降。不同温度下所测得的值必须换算到同一温度下才能比较。在湿度较大的条件下测量时，必须加以屏蔽。

（三）测量结果分析

测量绝缘电阻和吸收比能发现绝缘中的贯穿性导电通道、绝缘受潮、表面脏污等缺陷（存在此类缺陷时绝缘电阻会显著降低），但不能发现绝缘中的局部损伤、裂缝、分层脱开、内部含有气隙等局部缺陷，这是因为绝缘电阻表的工作电压较低，而在低电压下这类缺陷对测量结果实际上影响很小。

在绝缘预防性试验中所测得的被试品的绝缘电阻值应等于或大于一般规程所允许的数值。对于许多电气设备，反映泄漏电流的绝缘电阻值往往变动很大，它与被试品的体积、尺寸、环境状况等有关，往往难以给出一定的判断绝缘电阻的标准。通常把处于同一运行条件下的不同相的绝缘电阻值进行比较，或者把本次测得的数据与同一温度下出厂或交接时的数值及历年的测量记录相比较、与大修前后和高电压试验前后的数据相比较、与同类型的设备相比较，同时还应注意环境的可比条件。比较结果不应有明显的降低或有较大的差异，否则应引起注意，对重要的设备必须查明原因。

绘制以下任务的接线：

① 选择电压互感器一台，分别测量它的三个绝缘电阻：一次对地、一次对二次、二次对地；

② 选择自用电变压器一台，分别测量它的三个绝缘电阻：一次对地、一次对二次、二次对地；

③ 测量三相电缆相对相及相对地的绝缘电阻和吸收比；

④ 测量氧化锌避雷器的绝缘电阻。

绝缘电阻和吸收比测量试验注意事项和结果分析

三、评价与反馈

（一）自我评价

1. 判断

① 测量绝缘电阻值可灵敏反映受潮、脏污或贯穿性缺陷。（　　）

② 对于电容量比较大的高压电气设备，主要以吸收比和极化指数的大小为判断依据。（　　）

③ 设备的绝缘良好时，其吸收比 K 一般都大于 1.3。（　　）

④ 读数时绝缘电阻测试仪必须水平放置。（　　）

⑤ 读取数值后，停绝缘电阻表和断开绝缘电阻表与被试品的测试线（L 端）的操作不分先后。（　　）

2. 简答

① 绝缘电阻测试仪和兆欧表有什么区别？

② 如何针对设备的电压等级选择合适的绝缘电阻测试仪？

③ 在试验前拆除被试设备与其他设备间的连线后应充分放电，为什么？

④ 吸收比和极化指数分别在什么情况下使用？

⑤ 温度和湿度对绝缘电阻和吸收比的测量有什么影响？

3. 综合评价

① 能否正确使用电池型高压绝缘电阻测试仪进行绝缘电阻和吸收比的测量？ 能□　不能□

② 能否根据测量结果正确分析判断被试品的绝缘状况？ 能□　　不能□

③ 对本任务的学习是否满意？ 满意□　　基本满意□　　不满意□

（二）小组评价

① 学习页的填写情况如何？

评价情况：＿＿＿＿＿＿＿＿＿＿＿＿＿＿＿＿＿＿＿＿＿＿＿＿＿＿＿＿＿＿＿＿＿＿＿。

② 学习、工作环境是否整洁，完成工作任务后，是否对环境进行了整理、清扫？

评价情况：＿＿＿＿＿＿＿＿＿＿＿＿＿＿＿＿＿＿＿＿＿＿＿＿＿＿＿＿＿＿＿＿＿＿＿。

参评人员签字：＿＿＿＿＿＿＿＿＿＿＿＿＿＿＿＿＿＿＿＿＿＿＿＿＿＿＿＿＿＿

（三）教师评价

教师总体评价：

教师签字＿＿＿＿＿＿＿＿＿

＿＿＿＿＿＿年＿＿＿＿月＿＿＿＿＿＿日

工 作 页

工作任务	绝缘电阻和吸收比的测量		
专业班级		学生姓名	
工作小组		工作时间	

一、工作目标

① 了解绝缘电阻测试仪的基本工作原理和学会使用绝缘电阻测试仪测量电气设备的绝缘电阻和吸收比的方法。

② 掌握绝缘电阻测量和吸收比测量的接线和试验中的注意事项。

③ 根据试验结果能够简单分析被试品绝缘的状况。

二、工作任务

① 选择电压互感器一台,分别测量它的三个绝缘电阻:一次对地、一次对二次、二次对地。

② 选择自用变压器一台,分别测量它的三个绝缘电阻:一次对地、一次对二次、二次对地。

③ 测量氧化锌避雷器的绝缘电阻。

④ 测量三相电缆相对相及相对地的绝缘电阻和吸收比。

⑤ 通过测量判断以上设备绝缘状况。

三、工作任务标准

① 熟悉各种电力设备的绝缘结构。

② 熟练掌握绝缘电阻测试仪的使用方法与步骤。

③ 学会根据《电力设备预防性试验规程》中的标准判断所测设备的绝缘状况。

四、工作内容与步骤

熟悉绝缘电阻测试仪──→检查测试仪器──→对设备绝缘表面进行清洁干燥处理──→用绝缘电阻测试仪完成对被试品绝缘电阻和吸收比的测量──→根据测量结果分析判断绝缘状况──→提交工作页──→反馈评价,总结反思。

1. 熟悉电池型高压绝缘电阻测试仪

电池型高压绝缘电阻测试仪结构：

绝缘电阻和吸收
比测量实操

电池型高压绝缘电阻测试仪使用方法：

电池型高压绝缘电阻测试仪读数方法：

2. 检查测试仪器

开路状态：_____

短路状态：_____

机械调零：

电池检查：

检查结果：_____

3. 对设备绝缘表面的处理

防污处理：_____

防潮处理：_____

4. 对被试设备绝缘电阻和吸收比的测量

① 电压互感器

一次对地：　　　绝缘电阻_____吸收比_____

二次对地：　　　绝缘电阻_____吸收比_____

一次对二次：　　绝缘电阻_____吸收比_____

② 自用变压器

一次对地：　　　绝缘电阻_____吸收比_____

二次对地：　　　绝缘电阻_____吸收比_____

一次对二次：　　绝缘电阻_____吸收比_____

③ 氧化锌避雷器

　　　　　　　　绝缘电阻_____吸收比_____

④ 三相电缆

相对地：　　　　绝缘电阻_____吸收比_____

相对相：　　　　绝缘电阻_____吸收比_____

5. 绝缘状况的判断

判断标准——《电力设备预防性试验规程》（DL/T 596—1996）。

在判断时，除将测量结果与《规程》规定的相比较外，还应与该设备的历次试验数据相比较，与同类设备的试验结果相比较，参照相关的试验结果，根据变化规律和趋势，进行全面的分析。

① 电压互感器。绕组绝缘电阻与初始值及历次数据比较，不应有显著变化。

根据试验结果判断的电压互感器绝缘状况_____

② 自用变压器。绕组绝缘电阻与初始值及历次数据比较，不应有显著变化；吸收比≥1.3。

根据试验结果判断的自用变压器绝缘状况_____

③ 氧化锌避雷器。

根据试验结果判断的绝缘状况_____

④ 三相电缆。电力电缆绝缘电阻如表 2-4 所示。

表 2-4　电力电缆绝缘电阻

	额定电压/kV	1～3	6	10	35
绝缘电阻每公里 不小于/MΩ	油浸纸绝缘电缆	50	100	100	100
	交联聚乙烯绝缘电缆		1000	1000	2500
	聚氯乙烯绝缘电缆	50	60		

根据试验结果判断的三相电缆绝缘状况_____

评 价 表

任务名称		绝缘电阻和吸收比的测量					
工作组			组长		班级		
组员				日期		月　日　节	
序号		评价内容			学生自评	学生互评	教师评价
知识	①	绝缘电阻的含义					
	②	吸收比的含义					
能力	①	绝缘电阻测试仪的检查与使用					
	②	根据试验结果对电气设备的绝缘情况的分析判断					
职业行为	①	着装整齐,正确佩戴工具					
	②	工具和仪表摆放整齐					
	③	与他人进行良好的沟通和合作					
	④	安全意识、5S意识					
综合评价							

	收获感言
评价规则: A. 完全掌握/做到/具备 B. 基本掌握/做到/具备 C. 没有掌握/做到/具备	

17

任务三 介质损耗角正切值的测量

学 习 页

**任务描述**

① 理解介质损耗角正切值 $\tan\delta$ 的含义。

② 了解 AI-6000 自动抗干扰精密介质损耗测量仪的结构及工作原理。

③ 掌握不同型号 AI-6000 自动抗干扰精密介质损耗测量仪的特点和接线。

④ 了解 AI-6000 自动抗干扰精密介质损耗测量仪常见出错信息及处理方法。

⑤ 掌握介质损耗角正切值测量结果的分析判断方法。

电介质的损耗

一、学习准备

（一）介质损耗角正切值 $\tan\delta$

交流电压作用下电介质中电流的有功分量与无功分量的比值叫做介质损耗因数，即介质损耗角正切值 $\tan\delta$，它是一个无量纲的数。在一定的电压和频率下，$\tan\delta$ 能反映电介质内单位体积中能量损耗的大小，而与电介质的体积尺寸无关。可以通过测量介质损耗角正切值 $\tan\delta$ 大小来判断设备绝缘状况，这种方法在电气设备制造、绝缘材料的鉴定以及电气设备的绝缘试验等方面得到了广泛的应用，特别是对判断受潮、老化等分布性缺陷比较有效，对小体积设备比较灵敏。$\tan\delta$ 的测量是绝缘试验中一个较为重要的项目。

如果绝缘内的缺陷不是分布性而是集中性的，通过测量 $\tan\delta$ 值来反映绝缘状况就不很灵敏，被试绝缘的体积越大越不灵敏。因为此时测得的 $\tan\delta$ 反映的是整体绝缘的损耗情况，而带有集中性缺陷的绝缘是不均匀的，可以视为是由两部分绝缘介质并联组成，其整体的介质损耗是这两部分的损耗之和，即

$$P=P_1+P_2 \tag{3-1}$$

或

$$U^2\omega C\tan\delta=U^2\omega C_1\tan\delta_1+U^2\omega C_2\tan\delta_2 \tag{3-2}$$

则

$$\tan\delta=\frac{C_1\tan\delta_1+C_2\tan\delta_2}{C} \tag{3-3}$$

且

$$C=C_1+C_2 \tag{3-4}$$

若整体绝缘中体积为 V_2 的一小部分绝缘有缺陷，而大部分良好绝缘的体积为 V_1，即 $V_2\ll V_1$，则 $C_2\ll C_1$，$C\approx C_1$，于是

$$\tan\delta = \tan\delta_1 + \frac{C_2}{C_1}\tan\delta_2 \tag{3-5}$$

由于式中的系数 $\frac{C_2}{C_1}$ 很小，所以当第二部分的绝缘出现缺陷使 $\tan\delta$ 增大时，并不能使总的 $\tan\delta$ 值明显增大。只有当绝缘有缺陷部分所占的体积较大时，在整体的 $\tan\delta$ 中才会有明显的反应。所以测量大容量发电机、变压器和电力电缆绝缘中的局部性缺陷时，应尽可能将这些设备分解成几个部分，然后分别测量它们的 $\tan\delta$。

（二）AI-6000 自动抗干扰精密介质损耗测量仪

AI-6000 自动抗干扰精密介质损耗测量仪用于现场抗干扰介损测量，或试验室精密介损测量。仪器为一体化结构，内置介损电桥、变频电源、试验变压器和标准电容器等。采用变频抗干扰和傅立叶变换数字滤波技术，全自动智能化测量，强干扰下测量数据非常稳定。测量结果由大屏幕液晶显示，自带微型打印机可打印输出。

1. 主要技术指标（表 3-1）

表 3-1 AI-6000 自动抗干扰精密介质损耗测量仪主要技术指标

准确度		C_x:±(读数×1%+1pF)，$\tan\delta$:±(读数×1%+0.00040)
抗干扰指标		变频抗干扰，在200%干扰下仍能达到上述准确度
电容量范围	内施高压	3～60000pF/10kV，1.2～60μF/0.5kV
	外施高压	1.5～3μF/10kV，30～60μF/0.5kV
分辨率		最高0.001pF，4位有效数字
$\tan\delta$ 范围		不限，分辨率0.001%，电容、电感、电阻三种试品自动识别
试验电流范围		10μA～5A
试验频率	单频	45Hz、50Hz、55Hz、60Hz、65Hz
	自动双变频	45/55Hz、55/65Hz、47.5/52.5Hz
	频率精度	±0.01Hz
内施高压	设定电压范围	0.5～10kV
	最大输出电流	200mA
	升降压方式	连续平滑调节
	电压精度	±(1.5%×读数+10V)
	电压分辨率	1V
外施高压		正接线时最大试验电流 5A/40～70Hz 反接线时最大试验电流 5A/40～70Hz/10kV
CVT 自激法低压输出		输出电压 3～50V 输出电流 3～30A
测量时间		约30s，与测量方式有关
输入电源		AC180～270V，50Hz/60Hz±1%，市电或发电机供电
环境温度		-10～50℃
相对湿度		<90%

2. 主要功能特点

AI-6000 自动抗干扰精密介质损耗测量仪采用变频抗干扰技术，在200%干扰下仍能准确测量，测试数据稳定，特别适合在现场做抗干扰介损试验。而且仪器采用数字滤波、电桥自校准和频率跟踪等技术，配合高精度三端标准电容器，实现了高精度介损测量，并且正/反接线测量的准确度和稳定性一致。为确保人身和设备安全，仪器设置了以下多级安全保护措施：

• 高压保护：试品短路、击穿或高压电流波动时能以短路方式切断输出高压。

• 低压保护：误接 380V、电源波动或突然断电时启动保护，不会引起过电压。

• 接地保护：仪器接地不良使外壳带危险电压时，启动接地保护。

• CVT：高压电压和电流、低压电压和电流四个保护限，不会损坏设备；误选菜单不会输出激磁电压。

• 防误操作：两级电源开关；电压、电流实时监视；多次按键确认；接线端子高/低压分明；缓速升压，可迅速降压，声光报警。

• 防"容升"：测量大容量试品时会出现电压抬高的"容升"效应，仪器能自动跟踪输出电压，保持试验电压恒定。

• 抗震性能：仪器采用独特抗震设计，可耐受强烈长途运输震动、颠簸而不会损坏。

• 高压电缆：为耐高压绝缘导线，可拖地使用。

AI-6000 自动抗干扰精密介质损耗测量仪有六种型号：AI-6000A、B、C、D、E、和 F 型。

（1）AI-6000A 型

① 具有正反接线、内外标准电容、内外高压多种模式组合，一体化结构，可做各种常规介损试验，不需外接任何辅助设备。

② 液晶显示，菜单操作，测试数据丰富，自动分辨电容、电感、电阻型试品，自带微型打印机，可打印输出。

③ 具有外接标准电容器接口，自动跟踪外接试验电源频率 40～70Hz，支持工频电源和串联谐振电源做大容量高电压介损试验。

④ 自动识别 50Hz/60Hz 系统电源，支持发电机供电，即使频率波动大，也可正常测量。

⑤ 仪器所有量程输入电阻低于 2Ω，消除了测试线附加电容的影响。

⑥ 内置串联和并联两种介损测量模型，可与校验台和介损标准器完全兼容，方便仪器检定。

⑦ 可外接油杯做绝缘油介损试验，可外接固体材料测量电极做固体绝缘材料介损试验。

（2）AI-6000B 型

具备正/反接线测量方式，使用内部标准电容器和自动变频进行测量，体积小、重量轻，携带方便。

（3）AI-6000C 型

除具备 A 型全部功能外，增加了 CVT 自激法模式，C_1/C_2 分两次接线测量，用自激法时测试线需吊起。

（4）AI-6000D 型

除具备 C 型全部功能外，增加了以下功能。

① 用 CVT 自激法测量时，C_1/C_2 可一次接线同时测出，自动补偿母线接地和标准电容器的分压影响，无需换线和外接任何配件。

② 中文图文菜单，大屏幕背光 LCD 显示更清晰。

③ 带日历时钟，本机可存储 100 组测量数据。

④ 带计算机接口，通过该接口，实现测量、数据处理和报表输出，也可实现仪器内部测量软件升级。一台计算机可控制 32 台仪器，可集成到综合高压试验车上。

（5）AI-6000E 型

除具备 D 型全部功能外，增加了以下功能。

① 反接线低压屏蔽功能，在 220kV CVT 母线接地情况下，对 C_{11} 可进行不拆线 10kV 反接线测量。

② CVT 自激法高压连接线可以拖地。

③ 标准电流和试品电流扩大到 5A。

（6）AI-6000F 型

除具备 E 型全部功能外，增加了以下功能。

① 内部高压输出为 12kV，最大输出电流 200mA。

② 配置热敏打印机，使打印更加清晰快捷、无噪音。

③ 回路接触不良放电提示功能，以方便判别接线是否可靠。

④ 反接线低压屏蔽功能，可一次接线同时测量主电容和次电容。

⑤ 变比功能，可测量 PT 和 CVT 变比、极性和相位误差。

3. 仪器使用说明

（1）对比度调节

液晶显示屏的对比度已在出厂时校好，如果感觉不够清晰，可用如下方法调整：按住↑或↓不动，再打开总电源开关，再按↑或↓调整显示对比度，调整完毕按"启停"键退出。

（2）进入菜单

打开总电源开关后，先显示开机画面，再显示生产日期，如图 3-1。

图 3-1　开机界面

然后自动进入测试菜单，如图 3-2。使用机内高压请打开内高压允许开关。

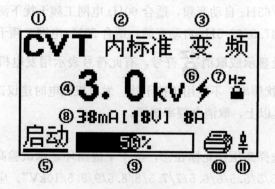

图 3-2　测试菜单

打开内高压允许后数秒⑥处指示 ⚡，表示内部高压就绪，此时光标可移动位置为①②③④⑤。

关闭内高压允许③处指示"外高压"，光标可移动位置为①②⑤。

（3）选择接线方式

光标在①，按↑↓选择"正接线""反接线""CVT"和"变比"（F型）测量方式。

（4）选择内、外标准电容

光标在②，按↑↓选择"内标准""外标准"，表示使用内或外接标准电容。通常可用内部标准作正、反接线测量和CVT自激法测量，高电压介损选用外标准方式，需要将外接电容参数置入仪器。

在此处按住"启停"键不放，直到显示如图3-3。

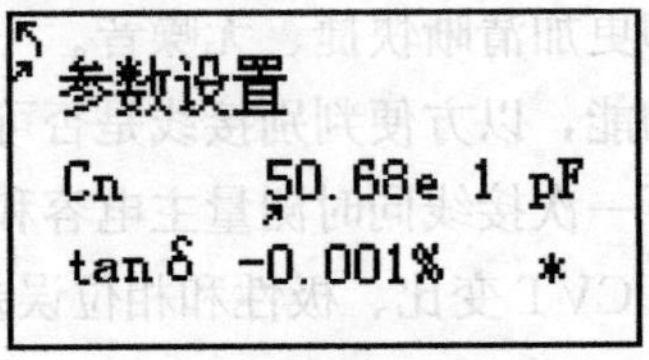

参数设置

Cn   50.68e 1 pF

tanδ -0.001% *

图3-3 参数设置界面

移动光标，↑↓修改光标处内容。设置完毕按住"启停"键不放，直到返回测量菜单，同时参数被储存，数据有效。右下角显示" * "表示不允许修改其他数据，这些数据为仪器出厂参数，一旦变更会严重影响测量！

（5）选择试验频率

开机默认频率：光标在③，显示"变频"，表示45/55Hz自动变频，仪器自动用45Hz和55Hz各测量一次，然后计算50Hz下无干扰时数据。

选择更多频率：光标在③，按住"启停"键1s以上切换到全频率选择，按↑↓键循环显示"45Hz/50Hz/55Hz/60Hz/65Hz/50±5Hz/60±5Hz/50±2.5Hz"：

"50Hz"：为工频测量，此设置不能抗干扰，在试验室内测量或校验时选用；

"45/55/60/65Hz"：为单频率测量，研究不同频率下介损的变化时选用；

"50±5Hz"：为45/55Hz自动变频，适合50Hz电网工频干扰下测量；

"60±5Hz"：为55/65Hz自动变频，适合60Hz电网工频干扰下测量；

"50±2.5Hz"：为47.5/52.5Hz自动变频，适合50Hz电网工频干扰下测量。

轻按"启停"，⑦处显示或取消 🔒Hz 符号，有此符号表示用发电机供电，能输出所选频率。此方式不能跟踪干扰频率，不能用于抗干扰。发电机供电时建议选用定频50Hz。

按住"启停"键1s以上，取消全频率选择。

（6）选择试验高压

正/反接线方式下选择高压：光标在④，按↑↓键循环显示试验高压"0.5/0.6/0.8/1/1.5/2/2.5/3/3.5/4/4.5/5/5.5/6/6.5/7/7.5/8/8.5/9/9.5/10kV"。应根据高压试验规程选择试验高压。

启动测量后，该处显示测量高压，⑧处会显示高压电流（mA）。

CVT 自激法接线方式下选择高压及保护限，CVT 自激法测量必须打开内高压允许开关，由机内提供激励电压，由"低压输出"和"测量接地"输出。为安全起见，CVT 自激法还需要设置以下几个保护限。

光标在④，轻按"启停"键循环显示××kV/××mA/××V/××A，按↑↓选择：

××kV：可选 0.5/0.6/0.8/1/1.5/2/2.5/3/3.5/4kV，为高压电压上限，只能使用4kV 以下电压；

××mA：可选 10/15/20/25/30/35/40/45/50/60/70/80/100/120/140/200mA，为高压电流上限；

××V：可选 3/4/5/6/7/8/9/10/12/15/20/25/30/35/40/50V，为低压电压上限；

××A：可选 3/4/5/6/7/8/9/10/11/12/13/14/15/16/20/30A，为低压电流上限。

测量时四个保护限同时起作用，因此试验高压可能达不到设定值。如果高压达不到保护限，可适当调整受到限制的保护限。

通常测量 C_1 时低压激励电压可达 20V，测量 C_2 时低压激励电流可达 15A。一般可设高压电压 2～3kV，较少采用高压电流限制，可设为最大 200mA。

启动 CVT 测量后④处会显示激励高压。⑧处会显示高压电流（mA）、低压电压（V）和低压电流（A），带有括号的显示量如［18V］，表示该量达到保护限，如果没有括号，表示激励高压达到保护限。

（7）自动打印

光标在⑤，按↑键可显示或取消⑩处打印机图标🖶，有此图标表示测量结束自动打印。

（8）串联方式

光标在⑤，快按 10 次"启停"键，可显示或取消⑪处的 RC 串联符号⊥。有此符号模拟西林型电桥工作。无此符号模拟电流比较仪电桥工作。试验室用介损标准器检定仪器时应显示⊥，现场测量请取消⊥。

（9）启动测量

光标在⑤，按住"启停"键 1s 以上启动测量，启动测量后发出声光报警，⑨处指示0%～99%表示测量进程。测量中按任一键取消测量，遇紧急情况立即关闭总电源。

（10）放电提示（F 型功能）

仪器在测试过程中自动监测接线情况，如果在回路中有接触不良或打火放电的情况，仪器会在屏幕左侧显示⚡和一个表示放电严重程度的数字（一般情况下放电次数不大于 20），此时应该检查连线。

（11）查看数据

显示结果后，按↑↓键可查看其他数据，按打印键打印（打印数据包含线路序号，测量日期和测量方式等）。

仪器自动分辨电容、电感、电阻型试品：电容型试品显示 C_x 和 $\tan\delta$，电感型试品显示 L_x 和 Q，电阻型试品显示 R_x 和附加 C_x 或 L_x，自动选取显示单位，如表 3-2。

表 3-2　不同试品显示数据

试品类型	显示数据	备注
电容	$C_x, \tan\delta, U, I, \Phi, P, f, t$	|tanδ|>1 则显示电容和串/并联电阻；
电感	$L_x, Q, U, I, \Phi, P, f, t$	|Q|<1 则显示电感和串联电阻
电阻	$C_x(L_x), R_x, U, I, \Phi, P, f, t$	
CVT 自激法	$C_1, \tan\delta, C_2, \tan\delta, U_1, U_2, f, t$	与 C_x 连接的试品为 C_1，与高压端连接的试品为 C_2。U_1 为测量 C_1 时的电压，U_2 为测量 C_2 时的电压
CVT 变比	$K, \Phi, f, t, U, I, C_x, \tan\delta$	C_x 和 $\tan\delta$ 为高压端反接线的结果。F 型有此功能

表注：C_x 试品电容量；$\tan\delta$ 介损因数；L_x 试品电感量；Q 品质因数；R_x 试品电阻值；U 试验电压；I 试品电流；K 测 CVT 变比时，一次电压与二次电压之比；Φ 试品电流超前试验电压的角度；P 试品损耗功率；f 频率，自动变频方式显示中间频率；t 温度，机内传感器测量，受仪器发热影响，误差可能较大。

（12）参考接线

① 正接线，内标准电容，内高压（常规正接线），如图 3-4 所示。

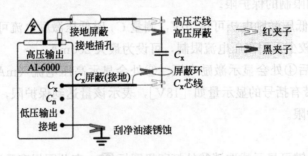

图 3-4　常规正接线

正接线施加内高压时，高压线的芯线（红夹子）和屏蔽极（黑夹子）最好都要接试品高压端。如果只用芯线加压，芯线电阻较大，可能引起附加介损。如果使用带有接地屏蔽的双屏蔽高压线，其接地屏蔽必须接地。C_x 线的黑夹子等同接地。黑夹子可接试品的低压屏蔽极，无屏蔽极时黑夹子可悬空。

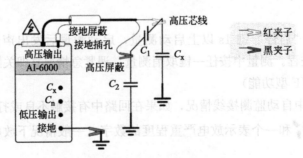

图 3-5　常规反接线

② 反接线，内标准电容，内高压（常规反接线），如图 3-5 所示。用高压线芯线（红夹子）连接试品高压端。黑夹子用于连接高压屏蔽，可以屏蔽掉分流支路。不需要屏蔽时黑夹子悬空。

③ 正接线，内标准电容，外高压（测量大容量试品），如图 3-6 所示。

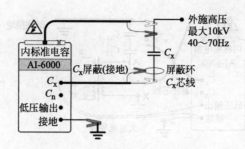

图 3-6 内标准电容、外高压正接线

外施高压可以提供更大的试验电流,能够测量更大容量的试品。使用内部标准电容时,仍然需要连接高压线。由于内部标准电容限制,外施高压不能超过仪器最高电压(10kV)。

④ 反接线,内标准电容,外高压(测量大容量试品),如图 3-7 所示。

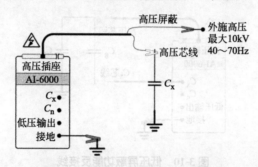

图 3-7 内标准电容、外高压反接线

⑤ 正接线,外标准电容,外高压(高电压介损、电桥校验),如图 3-8 所示。使用外标准电容 C_n 时,必须使用带屏蔽插头的屏蔽线连接。外施高压等级取决于试品 C_x 和外标准电容 C_n 的电压等级,与仪器无关。仪器处于低电位。

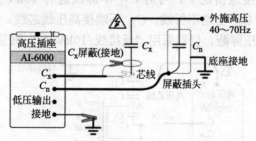

图 3-8 外标准电容、外高压正接线

⑥ CVT 自激法,如图 3-9 所示。高压芯线接 C_2 末端 J, C_x 芯线接 C_{12} 上端。不能将 C_x 接 C_2、高压线接 C_{12},这样做的数据误差较大。母线是否接地不影响测量。但当 CVT 上部只有一个电容时,母线不能接地,否则 C_x 芯线将对地短路。低压输出和接地之间输出低压激励电压,它们可以接 CVT 任何一个二次绕组,也无极性要求。在 "3kV" 位置按 "启停" 键设置保护限。建议设置高压 3kV/200mA,低压 20V/10A。

采用 CVT 自激法时,老型号仪器的测量线需吊起使用;如仪器配有 CVT 黄色专用线可拖地使用,但需定期手动校准黄线数据并置入仪器;新仪器能自动校准测量线的影响,无

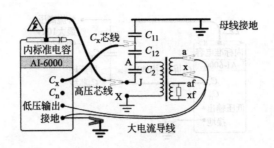

图 3-9 CVT 自激法接线

需吊起。

⑦ 反接线低压屏蔽（E 和 F 型功能，E 型只显示 C_x，F 型同时显示 C_x 和 C_g），如图 3-10 所示。

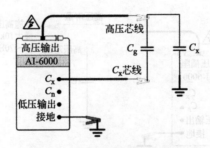

图 3-10 低压屏蔽功能反接线

在"启动"位置按 ↓，屏幕右侧显示 **Ｍ**，启动反接线低压屏蔽功能；再次按 ↓，恢复正常反接线。需要屏蔽的电容 C_g 的低压端子不能承受高电压，不能用常规反接线的 10kV 高压屏蔽，因此只能使用反接线低压屏蔽。

在 220kV CVT 母线接地情况下，可对 C_{11} 不拆线进行 10kV 反接线介损测量，如图 3-11 所示：母线挂地线，C_{11} 上端不拆线，C_{11} 下端接高压线芯线，C_2 末端 J 和 X 接 C_x 芯线。这样 C_{12} 和 C_2 被低压屏蔽，仪器采用"反接线/10kV/M"测量方式，测量出 C_{11}。

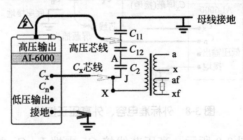

图 3-11 反接线介损测量

⑧ CVT 变比测量接线（F 型），如图 3-12 所示。

各种电压互感器（电磁式 PT 或 CVT 等）都可以测量其变比。

仪器默认 50Hz 测量频率，为了准确反映 PT 运行频率下特性，不推荐使用其他频率。

需要注意：一次电压（A-X 之间）不能超过 PT 允许电压，二次电压（a-x 之间）不能超过 100V。注意 PT 同名端，C_x 的芯线/屏蔽不要接反，否则相位改变 180°。

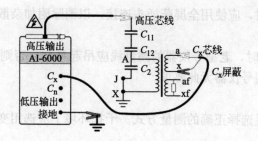

图 3-12 CVT 变比测量接线

显示数据：K 是一次电压与二次电压之比；Φ 是一次电压超前二次电压的角度；$C/\tan\delta$ 是反接线介损数据，可以不去关心。

⑨ 电磁式 PT 变比测量接线（F 型），如图 3-13 所示。

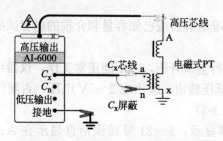

图 3-13 电磁式 PT 变比测量接线

4. 现场试验注意事项

如果使用中出现测试数据明显不合理，请从以下方面查找原因。

（1）接触不良

现场测量使用搭钩连接试品时，搭钩务必与试品接触良好，否则接触点放电会引起数据误差或数据波动！尤其是引流线氧化层太厚，或风吹线摆动，易造成接触不良。

（2）接地不良

接地不良会引起仪器保护或数据严重波动。应刮净接地点上的油漆和锈蚀，务必保证良好接地！

（3）直接测量 CVT 或用末端屏蔽法测量电磁式 PT

直接测量 CVT 的下节耦合电容会出现负介损，应改用自激法。

用末端屏蔽法测量电磁式 PT 时，由于受潮引起"T 形网络干扰"出现负介损，吹干下面三裙瓷套和接线端子盘即可。也可改用常规法或末端加压法测量。

（4）空气湿度大

空气湿度大使介损测量值异常增大（或减小甚至为负）且不稳定，必要时可加屏蔽环。因人为加屏蔽环改变了试品电场分布，此法有争议，可参照有关规程。

（5）发电机供电

发电机供电时输入频率不稳定，可采用定频 50Hz 模式工作。

（6）测试线

应该经常检查配套电缆是否损坏。特别是夹子根部导线容易断裂，且不易察觉。长期使用后，插头内部金属片也容易松动。

测试标准电容试品时，应使用全屏蔽插头连接，以消除附加杂散电容影响，否则不能反映出仪器精度。

用自激法测量 CVT 时，老型号仪器的测量线应吊起悬空，否则对地附加杂散电容和介损会引起测量误差。新型号仪器无此要求。

（7）工作模式选择

接好线后请根据接线选择正确的测量方式。干扰环境下应选用变频抗干扰。

（8）试验方法影响

由于介损测量受试验方法影响较大，应区分是试验方法误差还是仪器误差。出现问题时可首先检查接线，然后检查是否为仪器故障。

（9）仪器故障

用万用表测量一下测试线是否断路，或芯线和屏蔽是否短路，检查输入电源电压是否过高或过低，接地是否良好。

用正、反接线测一下标准电容器或已知容量和介损的电容试品，如果结果正确，即可判断仪器没有问题。

拔下所有测试导线，进行空试升压，若不能正常工作，仪器可能有故障。

启动 CVT 测量后测量低压输出，应出现 2～5V 电压，否则仪器有故障。

5. 出错信息及处理（表 3-3）

1～4 号错误信息全屏幕显示，5～21 号错误信息显示在 A、B、C 型仪器的⑧号位置（屏幕右下角）或 D、E 和 F 型仪器的⑨号位置（屏幕下侧中间）。

表 3-3　出错信息及处理

序号	屏幕显示	说　　明	原因和处理
①	HV-CTError! 或:仪器反接线错误!	反接线信号故障	重开机或找厂家技术人员处理
②	Save-DataError! 或:存储参数错误!	内部参数错,可能有硬件故障	请按出厂合格证上的原始参数重新设置或找厂家技术人员处理
③	RANGEERROR! 或:输入短路!	量程切换故障	试品短路,请检查试品接线
④	GROUNDERROR! 或:接地不良! 或:⏚?	仪器未接地、接地不良或输入电源火线、零线颠倒	检查接地线是否松动,接地点有无锈蚀、油漆,正确接入火线和零线
⑤	Er-Ps	变频电源软件保护,断电出现	检查输入电源插座是否接触良好,输入电源是否稳定,试品高压线和信号线是否可靠连接
⑥	Er-Ii	变频电源输入电流过大	找厂家技术人员处理
⑦	Er-Io	变频电源输出电流过大	试品负载过重,请检查试品是否短路,或降低电压再试
⑧	Er-Vi	变频电源输入电压过高	检查电源电压,应小于 270V
⑨	Er-Vo	变频电源输出电压过高	找厂家技术人员处理
⑩	Er-Pi	变频电源硬件保护	重试,无法恢复找厂家技术人员处理
⑪	Er-HL	变频电源正负电源不平衡	重试,无法恢复找厂家技术人员处理
⑫	Er-Hz 或 Er-Lz	变频电源正、负电源过低	找厂家技术人员处理
⑬	Er-H^ 或 Er-L^	变频电源正、负电源过高	检查电源电压,应小于 270V
⑭	Er-T^	变频电源温升过高	停机冷却

续表

序号	屏幕显示	说　　明	原因和处理
⑮	Er-Zx	变频电源输出电流电压波动	检查试品高压线和信号线是否可靠连接测量设置是否正确
⑯	ER-cw	CVT 试品接线错误	仪器没有检测到试验电压,判定接线错误,请检查 CVT 自激法接线
⑰	ER-cV	设定的高压电压超限	检查或重新设定
⑱	ER-cv	设定的低压电压超限	检查或重新设定
⑲	ER-cI	设定的高压电流超限	检查或重新设定
⑳	ER-ci	设定的低压电流超限	检查或重新设定
㉑	ER-Bd	测量信号波动	请检查整个回路的接线

6. 仪器检定

(1) 用标准损耗器正接线检定(图 3-14)

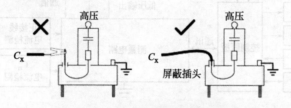

图 3-14　用标准损耗器正接线检定

用标准损耗器校准时,必须使用带屏蔽插头的屏蔽线连接。仪器选"内标准/自动双变频"和 RC 串联模式 ($\underline{\Omega}$)。正接线时标准损耗器外壳处在地电位。

(2) 用标准损耗器反接线检定(图 3-15)

反接线时标准损耗器外壳带高压,高压端子接地。标准损耗器的绝缘支脚应能承受 10kV 试验电压。

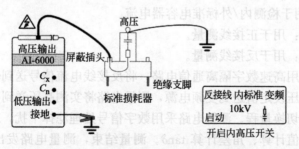

图 3-15　用标准损耗器反接线检定

(3) 用 QSJ3 检定

使用带插头的屏蔽电缆连接 QSJ3,选择"正接线/外标准/外高压"方式测量,电流比为 C_x/C_n,C_n 可置入适当值。

(4) 变比校准方法(F 型)

建议使用 10kV:100V 或 10kV/$\sqrt{3}$:100V/$\sqrt{3}$ 标准 PT 校准。

（5）抗干扰能力

设置一个回路，向仪器注入定量的干扰电流。

① 应考虑到该回路可能成为试品的一部分。

② 仪器启动后会使 220V 供电电路带有测量频率分量，如果该频率分量又通过干扰电流进入仪器，则无法检验仪器的抗干扰能力。

③ 不建议用临近高压导体施加干扰，因为这样很容易产生近距离尖端放电，这种放电电阻是非线性的，容易产生同频干扰。

7. 仪器结构与工作原理

仪器结构如图 3-16 所示。

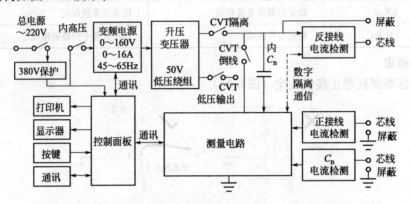

图 3-16　AI-6000 自动抗干扰精密介质损耗测量仪结构图

测量电路：数字信号处理，变频电源控制等。

控制面板：打印机、键盘、显示和通信中转。

变频电源：采用 SPWM 开关电路，产生大功率正弦波稳压输出。

升压变压器：将变频电源输出电压升到测量电压，最大无功输出 $2kV \cdot A/min$。

标准电容器：内 C_n。

C_n 电流检测：用于检测内/外标准电容器电流。

正接线电流检测：用于正接线测量。

反接线电流检测：用于反接线测量。

数字隔离通讯：用高速数字隔离通信电路，将反接线电流信号送到低压侧。

启动测量后，高压设定值送到变频电源，测量电路将实测高压送到变频电源。根据测量设置，测量电路自动切换量程。测量电路采用数字信号处理滤掉干扰，对标准电流和试品电流进行矢量运算、幅值计算、角差计算 $\tan\delta$。测量结束，测量电路发出降压指令，变频电源缓速降压到 0。

CVT 测量：CVT 隔离开关断开，低压输出接通。测量 C_1 时 CVT 倒线开关断开，测量 C_2 时 CVT 倒线开关接通，用 C_1 作标准电容测量 C_2。

（三）$\tan\delta$ 测量的影响因素与消除措施

AI-6000 自动抗干扰精密介质损耗测量仪的最大特点就是采用变频抗干扰和傅立叶变换数字滤波技术，全自动智能化测量，强干扰下测量数据非常稳定，在 200% 干扰下仍能达到仪器具有的准确度。为了提高 $\tan\delta$ 测量的准确度，应尽量避免以下因素的影响。

（1）温度的影响

温度对 $\tan\delta$ 值的影响很大，具体的影响程度随绝缘材料和结构的不同而不同。一般而言，$\tan\delta$ 随温度的增高而增大。现场试验时设备的温度是不确定的，为了便于比较，应将在各种温度下测得的 $\tan\delta$ 值换算到标准温度 20℃时的值。应该指出，由于被试品内部的实际温度往往很难确定，换算方法也不很准确，换算后往往仍有较大的误差，所以 $\tan\delta$ 的测量应尽可能在 10～30℃ 的条件下进行。

（2）试验电压的影响

一般而言，良好绝缘介质的 $\tan\delta$ 值几乎不随电压的升高而增加，仅在电压很高时才略有增加，如图 3-17 中的曲线 1 所示。如果绝缘介质内部存在空隙或气泡，情况就不同了。当外加电压尚不足以使气泡电离时，其 $\tan\delta$ 值与电压的关系良好；但当外加电压大到能引起气泡电离或发生局部放电时，$\tan\delta$ 值即开始随 U 的升高而迅速增大，电压回落时电离要比电压升高时更强一些，因而会出现闭环状曲线，如图中的曲线 2 所示。如果绝缘介质受潮，则电压较低时的 $\tan\delta$ 就已相当大，电压升高时 $\tan\delta$ 更急剧增大；电压回落时的 $\tan\delta$ 也要比电压上升时更大一些，因而形成不闭合的分叉曲线，如图中的曲线 3 所示，这是由于介质的温度因发热而上升的缘故。求出 $\tan\delta$ 与电压的关系，有助于判断绝缘状态和缺陷的类型。

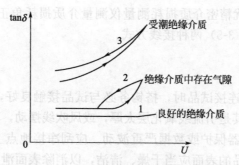

图 3-17　$\tan\delta$ 与试验电压的典型关系曲线

（3）被试品电容量的影响

对于电容量较小的被试品（例如套管、互感器、耦合电容器等），测量 $\tan\delta$ 能有效地发现局部集中性缺陷和整体分布性缺陷。但对电容量较大的被试品（例如大中型发电机、变压器、电力电缆、电力电容器等），测量 $\tan\delta$ 只能发现整体分布性缺陷，这是因为局部集中性缺陷所引起的介质损耗增大值只占总损耗很小的部分，因而用测量 $\tan\delta$ 的方法来判断绝缘状态就很不灵敏了。对于可以分解成几个彼此绝缘部分的被试品，应分别测量其各个部分的 $\tan\delta$ 值，能更有效地发现缺陷。

介质损耗因数测量微课

（4）被试品表面泄漏电流的影响

被试品表面的泄漏电阻总是与被试品的等值电阻 R_x 并联，这显然会影响所测得的 $\tan\delta$ 值，在被试品的 C_x 较小时尤需注意。为了消除或减小这种影响，在测试前应尽可能清除绝缘介质表面的积污和水分，必要时还可在绝缘介质表面装设屏蔽。

想一想

① 为什么测量 tanδ 能够反映电介质的绝缘状态？

② 正接线和反接线的区别和适用情况是什么？

③ 如何根据介质损耗角正切值测量结果分析判断设备绝缘状况？

④ 利用 AI-6000 自动抗干扰精密介质损耗测量仪进行介质损耗角正切值测量需要注意哪些问题？

二、计划与实施

（一）试验接线

介质损耗角正切值 tanδ 的测量仪器有西林电桥、不平衡电桥和数字式介质损耗测试仪。西林电桥需要人工调试，耗时太长，目前现场较少使用；不平衡电桥精度稍差，也使用较少；数字式介质损耗测试仪由于使用方便，测量数据人为影响小，测量精确度及可靠性比西林电桥高而广泛使用。本书使用新型的 AI-6000 分体式自动精密电桥取代传统的 QS1 型高压西林电桥，其工作原理与高压西林电桥相似。

用 AI-6000 自动抗干扰精密介质损耗测量仪测量介质损耗角正切值 tanδ 时，常用正接线（图 3-4）和反接线（图 3-5）两种接线方式。

（二）注意事项

① 现场测量使用搭钩连接试品时，搭钩务必与试品接触良好，否则接触点放电会引起数据误差或数据波动，尤其是引流线氧化层太厚，或风吹线摆动，易造成接触不良。

② 接地不良会引起仪器保护或数据严重波动。应刮净接地点上的油漆和锈蚀，务必保证良好接地。试验时被试品的表面应当干燥、清洁，以消除表面泄漏电流的影响。

③ 应该经常检查配套电缆是否损坏。特别是夹子根部导线容易断裂，且不易察觉。长期使用后，插头内部金属片也容易松动。

④ 测试标准电容试品时，应使用全屏蔽插头连接，以消除附加杂散电容影响，否则不能反映出仪器精度。

⑤ 在体积较大的设备中存在局部缺陷时，测量总体的 tanδ 不易反映绝缘状况，而对体积较小的设备就比较容易发现绝缘缺陷，因此能分开测量的试品应尽量分开测量。

⑥ 一般绝缘的 tanδ 值均随温度的上升而增大。各种试品在不同温度下的 tanδ 也不可能通过通用的换算获得准确的换算结果，应争取在相近的温度下测量 tanδ，以便于相互比较。通常都以 20℃时的测量值作为标准（绝缘油例外），一般要求测量温度在 10～30℃的范围内。

⑦ 在进行变压器、电压互感器等设备绕组的 tanδ 和电容值的测量时，应将被试设备所有绕组的首尾短接起来，否则绝缘的容性电流流过绕组时将会产生较大的磁通，绕组电感和励磁铁损耗就会造成测量误差。将绕组的两端短接后，绝缘的容性电流将从绕组的两端进入，因为电流的方向相反，产生的磁通就会相互抵消，电感和励磁铁损耗带来的误差都将大

大减小。

（三）测量结果分析

测量 tanδ 能发现绝缘中存在的大面积分布性缺陷，如绝缘普遍受潮、绝缘油或固体有机绝缘材料老化、穿透性导电通道、绝缘分层等，但对绝缘中的个别局部的非惯性缺陷不易发现。

根据 tanδ 测量结果对绝缘状况进行分析判断时，除与试验规程规定值比较外，还应与以往的测试结果及处于同样运行条件下的同类设备相比较，观察其发展趋势。即使 tanδ 未超过标准，但与过去或同类型其他设备相比时 tanδ 有明显增大，都必须进行处理，以免在运行中发生绝缘事故。

 做一做

使用 AI-6000 自动抗干扰精密介质损耗测量仪正接法测量电流互感器的高压套管和低压套管的介质损耗角正切值 tanδ 和电容量 C_x，绘制接线图。

测量注意事项和
结果分析

三、评价与反馈

 评一评

（一）自我评价

1. 判断

① 介质损耗是绝缘材料在电场作用下，由于介质电导和介质极化效应，在其内部引起的能量损耗。（　　）

② 通过介质损耗角正切值 tanδ 的测量可以判断电气设备是否存在集中性缺陷。（　　）

③ 利用 AI-6000 自动抗干扰精密介质损耗测量仪测量 tanδ 过程中不受周围电磁场的干扰。（　　）

④ 在进行变压器、电压互感器等设备绕组的 tanδ 和电容值的测量时，应将被试设备所有绕组的首尾短接起来（　　）

2. 简答

① 通过介质损耗角正切值的测量能够判断哪些绝缘缺陷？

② AI-6000 自动抗干扰精密介质损耗测量仪有哪些功能特点？

③ 影响介质损耗角正切值测量结果的因素有哪些？如何避免这些影响？

④ 根据测量结果判断被试设备绝缘状况的标准有哪些？

3. 综合评价

① 能否正确使用 AI-6000 自动抗干扰精密介质损耗测量仪测量介质损耗角正切值？能□　　不能□

② 能否正确进行试验接线？能□　　不能□

③ 能否根据试验结果分析判断设备绝缘情况？能□　　不能□

④ 对本任务的学习是否满意？满意□　　基本满意□　　不满意□

（二）小组评价

① 学习页的填写情况如何？

评价情况：_____。

② 学习、工作环境是否整洁，完成工作任务后，是否对环境进行了整理、清扫？

评价情况：_____。

参评人员签字：_____。

（三）教师评价

教师总体评价：

教师签字_____

_____年_____月_____日

工 作 页

工作任务	介质损耗角正切值的测量	
专业班级	学生姓名	
工作小组	工作时间	

一、工作目标

① 理解电气设备介质损耗角正切值测量原理。
② 掌握 AI-6000 自动抗干扰精密介质损耗测量仪测量介质损耗角正切值的接线方法。
③ 根据测量结果分析判断设备绝缘情况。

二、工作任务

使用 AI-6000 自动抗干扰精密介质损耗测量仪正接法测量电流互感器高压套管和低压套管的介质损耗角正切值 $\tan\delta$ 和电容量 C_x，并判断其绝缘状况。

三、工作任务标准

① 熟悉各种电力设备的绝缘结构。
② 熟练掌握 AI-6000 自动抗干扰精密介质损耗测量仪使用方法与试验接线。
③ 学会根据《电力设备预防性试验规程》中的标准判断所测设备的绝缘状态。

四、工作内容与步骤

熟悉 AI-6000 自动抗干扰精密介质损耗测量仪——仪器检定——对设备绝缘表面进行清洁干燥处理——利用 AI-6000 自动抗干扰精密介质损耗测量仪测量被试设备的介质损耗角正切值——根据测量结果判断绝缘状况——提交工作页——反馈评价，总结反思。

1. 熟悉 AI-6000 自动抗干扰精密介质损耗测量仪
AI-6000 各型号自动抗干扰精密介质损耗测量仪特点：

介质损耗因数测量实操

AI-6000 自动抗干扰精密介质损耗测量仪使用方法：

AI-6000 自动抗干扰精密介质损耗测量仪出错信息处理方法：

2. 仪器检定

仪器检定方法及接线：

3. 对被试设备的处理

防污处理：_____

防潮处理：_____

4. 介质损耗角正切值的测量

根据绘制的试验接线图连接 AI-6000 自动抗干扰精密介质损耗测量仪和被试设备，按照测量仪器使用方法进行介质损耗角正切值的测量，并查看记录试验数据。

介质损耗因数测量值_____

5. 根据测量结果分析判断绝缘状况

判断标准——《电力设备预防性试验规程》（DL/T 596—1996）

测量 $\tan\delta$ 能发现绝缘中存在的大面积分布性缺陷，如绝缘普遍受潮、绝缘油或固体有机绝缘材料老化、有穿透性导电通道、绝缘分层等，但对绝缘中的个别局部的非惯性缺陷不易发现。

根据 $\tan\delta$ 测量结果对绝缘状况进行分析判断时，除与试验规程规定值比较外，还应与以往的测试结果及处于同样运行条件下的同类设备相比较，观察其发展趋势。即使 $\tan\delta$ 未超过标准，但与过去或同类型其他设备相比时$\tan\delta$有明显增大，都必须进行处理，以免在运行中发生绝缘事故。

根据试验结果判断的被试设备绝缘状况_____

评 价 表

任务名称		介质损耗角正切值的测量				
工作组			组长		班级	
组员				日期	月　日　节	
序号		评价内容		学生自评	学生互评	教师评价
知识	①	介质损耗角正切试验的目的和特点				
	②	AI-6000 自动抗干扰精密介质损耗测量仪的结构与工作原理				
能力	①	AI-6000 自动抗干扰精密介质损耗测量仪的使用				
	②	试验测试接线				
职业行为	①	着装整齐,正确佩戴工具				
	②	工具和仪表摆放整齐				
	③	与他人进行良好的沟通和合作				
	④	安全意识、5S 意识				
综合评价						

收获感言

评价规则：
A. 完全掌握/做到/具备
B. 基本掌握/做到/具备
C. 没有掌握/做到/具备

任务四 直流泄漏电流的测量和直流耐压试验

学习页

① 掌握测量泄漏电流和直流耐压试验的原理。

② 了解 YTZG 系列直流高压发生器的结构和各部分功能。

③ 掌握 YTZG 系列直流高压发生器使用方法。

④ 了解 YTZG 系列直流高压发生器常见故障及解决方法。

⑤ 掌握根据泄漏电流测量结果和直流耐压试验分析判断绝缘状况的方法。

泄漏电流的测量和
直流耐压试验实操

一、学习准备

(一) 试验原理

1. 直流泄漏电流的测量

在直流电压下测量绝缘的泄漏电流与绝缘电阻的测量在原理上是一致的。但在泄漏电流的测量试验中，针对不同电压等级的设备绝缘施加相应的试验电压，该试验电压（一般高于 10kV）比测量绝缘电阻的额定输出电压高，并且可以任意调节，这使得绝缘本身的弱点更容易显示出来；在测量直流泄漏电流试验中所采用的微安表的准确度比绝缘电阻表高，使得测量数据更加准确，并且可以在加压过程中随时监视泄漏电流值的变化。所以，测量直流泄漏电流对于发现绝缘的缺陷比测量绝缘电阻更为灵敏有效。经验表明，测量泄漏电流更能有效地发现设备绝缘贯通的集中性缺陷、整体受潮、贯通的部分受潮以及一些未贯通的集中性缺陷，如开裂、破损等。

通过泄漏电流的测量，可以将泄漏电流与试验电压的关系绘制成曲线进行全面的分析。图 4-1 是发电机绝缘的典型泄漏电流曲线。状况良好的绝缘，其泄漏电流较小且随电压升高成直线增大，但上升较小，如图中直线①所示；绝缘受潮以后，泄漏电流增加很大，如直线②所示；绝缘中存在集中性缺陷时，电压升到一定值后泄漏电流激增，如曲线③所示；绝缘的集中性缺陷越严重，出现泄漏电流激增点的电压越低，如曲线④所示。

利用上述规律，在一定的试验电压 U_t 范围内，对绝缘施加不同的直流电压，测出相应的泄漏电流 i，通过泄漏电流的大小以及泄漏电流随电压的变化关系，可以全面的分析和判断绝缘状况。

2. 直流耐压试验

直流耐压试验是对电气设备的绝缘施加比额定电压高出一定值的直流试验电压，并持续

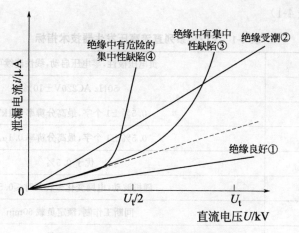

图 4-1　发电机绝缘的泄漏电流曲线

一定的时间，观察绝缘是否发生击穿或其他异常情况。

直流耐压试验与泄漏电流的测量在试验方法上是一致的，但作用不同。直流耐压试验是考验绝缘的耐电强度，其试验电压更高，属破坏性试验；而泄漏电流的测量是在较低的电压下检查绝缘的状况，属非破坏性试验。因此，直流耐压试验对于发现绝缘内部的集中性缺陷更有特殊意义，目前在发电机、电动机、电缆、电容器等设备的绝缘预防性试验中广泛应用这一试验。需要指出，一般直流耐压试验同雷电冲击耐压试验一样，通常都采用负极性试验电压。

（二）YTZG 系列直流高压发生器

1. 主要技术特点

① 采用 PWM 高频脉宽调制技术闭环调整，具有较高的电压稳定性、微小的纹波因数以及快速可靠的保护电路，可耐受大电容试品对地直接放电，且整机体积小，重量轻，方便野外使用。

② 全量程线性平滑调整电压，电压调节精度优于 0.1%；电压测量精度 0.5%，分辨率 0.1kV；电流测量精度 0.5%，分辨率 0.1μA。

③ 供电电源为交流 220V（AC220V±10%，50Hz±1%），脉动因数小于 0.5%，在工作现场，可全天候使用。

④ 高压变压器采用杜邦材料全固体封装，克服了空气及充油式设备带来的不便。宽大底座，放置稳重，维护更便利。

⑤ 75% 电压转换按钮，测试避雷器简单方便。

⑥ 具有过压设定功能，调节过程显示过压值；具备完善的过压、过流、短路放电保护功能，是电缆实验最佳伴侣。

⑦ 具有完善的断线和非零电位启动保护功能，使操作者及试品随时受到安全的保护。防震控制箱整体设计，简洁、明确的面板设计及操作声音提示。

2. 技术指标（表 4-1）

表 4-1　YTZG 系列直流高压发生器技术指标

高压极性	负电压极性，零电压启动，线性连续可调
工作电源	50Hz AC220V±10%
电压测量误差	0.5%±1 个字，最高分辨率 0.1kV
电流测量误差	0.5%±1 个字，最高分辨率 0.1μA
纹波系数	优于 0.5%
电压稳定度	随机波动，电网变化±10%时≤0.5%
工作方式	间断工作制，额定负载 60min
环境温度	−20～50℃
相对湿度	温度为 25℃时，不大于 90%
海拔高度	3000m 以下

3. 面板介绍

（1）面板说明

如图 4-2 所示。

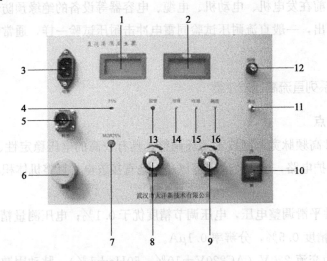

图 4-2　直流高压发生器面板

"1" 电压表：显示输出电压，显示单位：kV。

"2" 电流表：显示输出电流（包括泄漏电流和电晕电流）。

"3" 电源插座：单相 AC220V±10%，50Hz。

"4" 指示灯：电压变化为 $75\%U_{1mA}$ 时灯亮；在静过压设定时此灯也点亮；电压表显示的是最高输出电压设定值，不是实际输出电压，一旦电压调节钮回零、复位、则此灯熄灭。

"5" 航空插座：连接插座时，请先对准定位销，然后将插头压入，顺时针旋紧即可；拆卸时逆时针旋出。装拆插头时要握紧插头金属圆环处，严禁握线和拉线。

"6" 接地端子：由接地线连至高压发生器底部接地螺丝。

"7" MOA75％按钮：在进行氧化锌避雷器测试时，在 1mA 时的高压电压值为 U_{1mA}，按下 MOA75％按钮，则电压自动降至 $75\%U_{1mA}$，转换精度优于 0.5％。

"8" 电压粗调旋钮：顺时针调节为升压，顺时针到头大约可升到 1.1 倍额定电压，由于电路内部自检测的需要，在电位器回零后顺时针调节 3/4 圈内无电压输出。

"9" 电压细调旋钮：调节范围为电压示值的 3％～8％。

"10" 电源总开关：避免用此开关直接关断高压，关机时首先使用高压开关。

"11" 高压开关：升高压时向上拨合高压开关。试验完毕首先关断此开关，然后才可关闭电源开关。

"12" ACRD：交流入口熔断器。

"13" 内藏式过压整定调节旋钮：用户可在额定电压范围内任意设置过压整定值。过压整定值可在不加高压条件下实现静态设置。

"14" 过压指示灯：当电压高于整定电压时，指示灯亮。

"15" 过流指示灯：当负载电流超过 1.1 倍额定电流或短路放电时，指示灯亮。

"16" 高压指示灯：拨上高压开关，具备升压条件时，高压指示灯亮，在静过压整定时，只有在高压指示灯熄灭的条件下方可进行操作。

（2）高压单元

图 4-3 所示为 YTZG 系列直流高压发生器高压单元。

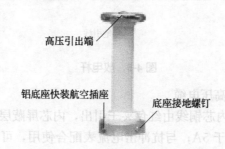

图 4-3　YTZG 系列直流高压发生器高压单元

铝底座快装航空插座用于与控制箱间的连接。安装电缆时，先将高压发生器平放地上，对准插头定位销，向下压顺势针旋紧，切勿左右摇动，操作时严禁手握电缆线拔插，以免造成插头线损坏。

底座接地螺钉为系统地汇集点，控制箱地、放电杆地、短路杆地等都要汇集到此点，再由此点接入大地。注意：为防止发生意外事故，地线一定要接牢固，特别是对有放电可能的容性试品，为了确保人员和设备的安全，请认真检查接地情况是否良好。

高压发生器均压罩上端凹型圆槽带强磁性部件为高压引出端，高压电流表可嵌入凹槽内。

（3）抗冲击微安电流表

如图 4-4 所示，本表带绿色背光显示，在读数时注意小数点变化，以免读错数据。为了节省电池，在光线充足的情况下，宜关闭背光。当电力不足时，仪表显示符号 $\Longleftarrow$，要及时更换电池，否则读数无法保证准确。

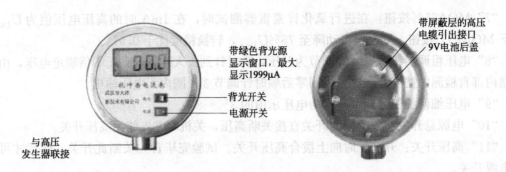

带绿色背光源显示窗口，最大显示1999μA

背光开关

电源开关

与高压发生器联接

带屏蔽层的高压电缆引出接口

9V电池后盖

图4-4　抗冲击微安电流表

（4）放电杆（放电电压小于60kV时可使用）

如图4-5所示，本放电杆选用三节伸缩杆，总长度80cm，电阻选用2M/25W规格，使用前将地线接到放电杆相应的插孔内，并使地线向后倾斜，以免试品对地线直接放电。初始放电时，放电杆由远及近接近放电物体，首先进入拉弧放电，然后直接接触放电体放电，最后挂上地线。特别提示：为了放电人员的安全，使用放电杆放电时，防电杆地线一定要牢固可靠。放电时接地引线尽量向后端处倾斜，以免地线与试品闪络放电。

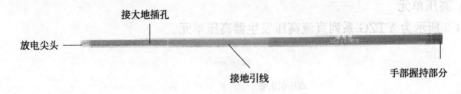

放电尖头

接大地插孔

接地引线

手部握持部分

图4-5　放电杆

（5）复合绝缘硅橡胶软高压电缆

如图4-6所示，此电缆内芯铜线由红色夹子引出，内芯屏蔽层由褐色夹子引出。在直流200kV条件下，泄漏电流小于5A；与抗冲击电流表配合使用，可将高压发生器自身泄漏电流及电缆屏蔽层对地电流去除掉，保证测试数据可靠性。使用中注意要点如下。

- 实验中人体切勿触及电缆，以防触电。
- 尽量避免电缆受到拖拉、强力扭曲、水浸及承受较大的拉伸力。
- 射频插头内芯与红色夹子连通，插头外环与黑色夹子连通，如果出现损坏用户可方便维修。

4. 使用方法

（1）整机连线及操作方法

① 将各电缆连线连好，控制箱接地端连接到高压发生器底部铝制底座接地螺钉，再由此处接入大地。为了保证实验员和设备的安全，必须反复检查地线，在地线没有接好的情况下不能输出高压，在使用中如果地线断开，高压应同时关闭，接好地线重新加电压。

② 合上电源开关，将电压粗调旋钮逆时针旋到头，再将高压开关合上，绿色指示灯亮，即完成了加压前的准备工作。再将电压粗调旋钮顺时针旋3/4圈，由于电路自检需要，因此没有高压输出。

③ 关高压时，可逆时针旋转电压粗调旋钮，调节电压到零，也可用高压开关直接关断

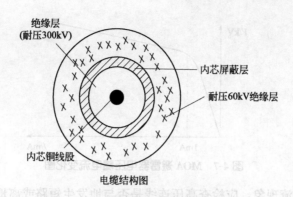

图 4-6　复合绝缘硅橡胶软高压电缆

高压，严禁使用电源开关关断高压。

④ MOA 预试到 U_{1mA} 后，按下 MOA75％按钮，有声音提示，相应黄色指示灯亮，则电压自动降为 $75％U_{1mA}$，再次进行回零操作时，此状态自动解除。

⑤ 静态过压值设定：在高压绿灯熄灭的前提下，按下 MOA75％按钮 3s 以上，直到无声音提示后，高压电压表显示数值为所要设定的最高过压值，此时调节内藏式过压设定钮到所需要的额定电压值；一旦进入加压状态，高压绿灯亮后，电路自动切换至实际高压电压值的显示。

⑥ 电压粗调钮回零，高压开关拨上，若高压灯不亮，一般情况下检查快装多芯电缆 1、2 号线是否断线。

（2）容性试品预试方法

进行电缆等容性试品实验时，其等效电路是 RC 电路，存在衰减振荡问题。

电压粗调旋钮回零，加压灯亮后开始升压操作，电压表有电压显示后进行正常操作。如初始加压阶段总出现过流现象，则可按以下情况分析并处理。

• 棕红色硅橡胶高压线引出端处红夹子应连至被试电缆，黑夹子处于高电位，应悬空处理。如将黑色夹子接电缆外皮，则将出现短路情况，造成过流动作。高压电缆与黑夹子连接膨胀处，由于没有绝缘，又处于高电位，因此现场使用时应使该部位远离接地部位，否则有可能在加压过程中出现对地放电现象。

• 未按要求在 3/4 圈处稍停留，或未见电压显示而快速升压，造成电压快速上升，出现过流动作。

• 加压前未等绿色指示灯亮就开始升压操作，造成电压突变而出现过流。

由于容性试品的储能及负反馈电路的作用，显示电压和实际电压有个时间差。

（3）MOA 避雷器预试

如图 4-7 所示，MOA 避雷器为非线性器件，在到达拐点后，电压的微小变化即可引发电流的很大变化。

以标牌 U_{1mA}_25kV 的产品为例，在实际实验时，电压小于 25kV 时电流为几个微安，电压到达拐点后，电压变化 0.1kV 引起的电流变化量达到数百微安，在现场使用时优于直流高压发生器（最小分辨率为 0.1kV）。从大量现场使用经验看，电流在 $950\sim1050\mu A$ 时就可认为是 1mA，这样做不很严谨，但实际测量误差很小，完全满足 MOA 避雷器测试标准

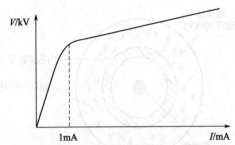

图 4-7 MOA 避雷器电压随电流变化图

规范要求。如出现过流现象，应检查高压连线是否与地发生短路或离地面物体太近，是否在 MOA 拐点处加压过快。

5. 使用注意事项

① 为确保人身安全及设备安全，仪器要良好接地，停机后应放电，要反复提醒用户注意。

② 高压发生器接大地处一定要牢固可靠，要从高压发生器底部接地螺钉接入大地，严禁地线串联使用。

③ 电容试品放电完毕，挂好地线后人员方可接近。使用放电杆时，务必将放电杆接地线可靠连接。接地应先一并汇入高压发生器底部接地点。当电压小于 60kV 时，方可用放电杆逐渐接近进行放电操作。

④ 该仪器使用电源为单相交流 220V±10%，50Hz。电源电压超过要求将造成设备损坏。

⑤ 按规定选用保险管，切勿用金属线代替，仪器机芯带电切勿自行开启，关机时请先关闭高压开关，后关闭电源开关。

⑥ 若设备长期闲置，为防止电解电容干枯，操作箱需每半年通电时间不少于 4h。仪器运输时应避免水浸、严重振动及坠落。

⑦ 拔插快装引线时，应将高压发生器平放地上，对准定位销，压入插头，顺时针旋进。严禁强力扭、拉连线。

⑧ 高压均压罩凹型接口有强磁性，高端电流表与其相连时要缓慢靠近，避免碰撞。

⑨ 容性试品试验时存在 RC 充电振荡及极化吸收电流现象，加电压 1min 后进入稳态。

6. 常见故障及解决方法（表 4-2）

表 4-2 YTZG 系列直流高压发生器常见故障及解决方法

序号	故障现象	原因及解决方法
1	电源开关指示灯不亮	更换 ACRD 熔断器，如果再次烧断，检查是否误加过 380V 电源。误加 380V 电源后，将内部压敏电阻去掉可应急使用
2	加压绿灯亮可高压加不起来	先检查快装多芯电缆 6、7 线是否断开，如调压旋钮顺时针调节数圈后电压突然升起来，则为快装多芯电缆问题
3	调压旋钮回零加压开关也拨上，可加压灯不亮	检查快装多芯电缆的 1、2 两线是否断开
4	高压确实加上了，但无高压显示值	检查快装多芯电缆的 1、2 两线是否断开

续表

序号	故障现象	原因及解决方法
5	无电流值显示但确实有电流	检查快装多芯电缆的3、4、5号线是否断开
6	加电压后,电压示值不稳定	检查快装多芯电缆的3、4、5号线是否断开
7	大电容试品试验总出现过流	①检查是否为加压绿灯亮后开始加压操作; ②检查是否在起始3/4圈处稍停留2s后再开始缓慢升压; ③检查是否高压电缆线对地短路
8	高、低端电流表示值偏差太大	①检查高端电流表电池电量是否不足; ②检查是否由电晕引起的; ③检查是否为高压软电缆绝缘特性变差所致
9	空载升压,泄漏电流很大	①离周围地物太近; ②绝缘筒外部太脏,擦拭筒外壁; ③电晕电流过大
10	加不到额定电压	将过压设定旋钮顺时针调到最大
11	加不上电压,总出现过流	①检查地线是否摘下; ②检查是否在加压绿灯亮后开始加压操作; ③高压软电缆线屏蔽线是否接地了
12	高端微安表总为零	①高压软电缆线屏蔽层黑线与芯线连在一起了; ②高压软电缆线红夹子一侧根处线从内部断开了
13	快装引线连接困难	①检查是否对准定位锁; ②插座内是否有引线针弯倒
14	升压时未到达电压,而出现过流现象	①检查地线是否摘下; ②检查是否在加压绿灯亮后开始加压操作; ③绝缘距离不够造成放电
15	进行氧化锌避雷器试验时总过流	①检查是否为氧化锌避雷器在拐点处加压快所致,接近拐点处用电压细调旋钮进行电压调节; ②在实验室试验时,检查旁路电流及绝缘距离
16	进行容性试品预测时电流总稳不下来	①检查是否用高电压等级设备进行10kV电缆所致; ②过去使用良好,突然电流稳不下来,多为快装多芯电缆内部引线开断所致
17	调压钮顺时针旋数圈后电压突然从非零态启动	快装多芯电缆内部1、2线屏蔽与4、5线间的连线断开所致
18	液晶显示屏缺画	液晶片自身出现局部损坏所致,返厂更换液晶片

想一想

① 直流耐压试验与泄漏电流的测量在对设备绝缘检测方面的作用有什么不同？

② 为什么直流泄漏电流试验比测量绝缘电阻更能有效地发现电气设备的绝缘缺陷？

③ 直流高电压如何产生？

④ 利用 YTZG 系列直流高压发生器测量泄漏电流和进行直流耐压试验应如何接线？

二、计划与实施

（一）直流高电压的产生

电气设备绝缘在进行直流泄漏电流测量和直流耐压试验时所用的直流高电压，通常是由交流电压经过整流获得的。常用的整流回路有半波整流回路、倍压整流回路和串级整流回路，如图 4-8 所示。

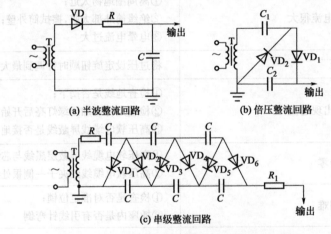

图 4-8　产生直流高电压的整流回路原理接线图

在图 4-8(a) 中，试验变压器 T 产生的高电压交流经整流二极管 VD 和保护电阻 R、滤波电容 C，成为电压直流。然后对被试品进行试验。

为了获得更高的直流电压，可采用倍压整流回路。图 4-8(b) 所示为倍压整流回路。当电源电压为负半周时，二极管 VD_2 导通，使电容器 C_1 充电到电源电压的幅值 U_m；当电源电压为正半周时，二极管 VD_1 导通，电源电压与 C_1 上的电压 U_m 叠加向电容器 C_2 充电，使空载时 C_2 上的电压升至 $2U_m$。这种回路的特点是被试品的一端接地，试验变压器的一个输出端子也接地，符合一般高压试验变压器的结构要求。

把若干个倍压整流回路串接起来，就构成串级整流回路，可以获得更高的直流电压，如图 4-8(c) 所示，这就是直流高压发生器。3 级串联可获得 $6U_m$ 的输出电压，4 级串联可获得 $8U_m$ 的输出电压，n 级串联可获得 $2nU_m$ 的输出电压。当直流高压发生器向负载供给电流时，输出电压将会有所降低。

为减小输出电压的脉动，应做到级数少、电源频率高、负荷电流小。在电力系统现场试验所用的直流高压装置中，往往采用数千赫甚至更高频率的交流电源（用晶体管振荡器产生），以减小整套装置的尺寸和重量，使之便于运输和在现场使用。

（二）试验接线

（1）测量直流泄漏电流

原理接线图如图 4-9 所示，图中交流电源经调压器接到试验变压器 T 的初级绕组上，其电压用电压表 PV_1 测量；试验变压器输出的交流高压经高压整流元件 VD（一般采用高压硅堆）接在稳压电容 C 上，为了减小直流高压的脉动幅度，C 值一般约需 $0.1\mu F$ 左右，不过当被试品 C_x 是电容量较大的发电机、电缆等设备时，也可不加稳压电容。R 为保护电阻，以限制初始充电电流和故障短路电流不超过整流元件和变压器的允许值，通常采用水电阻，其值可按 $10\Omega/V$ 选取。整流所得的直流高压可用高压静电电压表 PV_2 测得，而泄漏电流则以接在被试品 TO 高压侧或接地侧的微安表来测量。

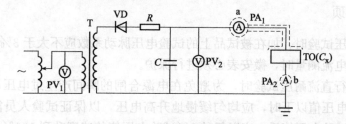

图 4-9 原理接线图

微安表接于高压侧的接线方式适用于被试绝缘一极接地，且接地线不易解开的情况，此时微安表处于高压端，不受高压对地杂散电流的影响，测量值较准确。为了避免由微安表到被试品的连线上产生的电晕及沿微安表绝缘支柱表面的泄漏电流流过微安表，需将微安表及从微安表至被试品的引线屏蔽起来。微安表读数和切换量程有些不便，应特别注意安全。

若将微安表接在接地侧，读数和切换量程安全、方便，而且高压部分对外界物体的杂散电流入地时都不会流过微安表，所以无需屏蔽，测量比较精确。但这种接线方式要求被试绝缘的两极都不能接地，仅适合于那些接地端可与地分开的电气设备。

还应注意，测量泄漏电流用的微安表是很灵敏的仪表，而试验电压总是存在脉动，试验时交流分量就会通过微安表，使微安表指针摆动，甚至会使微安表过热烧坏。这是因为它只反映直流数值，而实际上交流数值也流经微安表的线圈，并且在试验过程中，被试品发生放电或击穿时都会有不能容许的冲击电流流进微安表，因此需对微安表加以保护。图 4-10 为常用的微安表保护回路。

微安表上需要并联一保护用的放电管 V，当流过微安表的电流超过某一定值时，电阻 R_1 上的电压增加，引起 V 的放电而达到保护微安表的目的；电感线圈 L 在试品意外击穿时能限制冲击电流并加速放电管 V 的动作，其值在 $0.1\sim1.0H$ 的范围内；并联电容 C 用以旁路交流分量，减少微安表指针的摆动，使表的指示更加稳定。为了尽可能减小微安表损坏的可能性，它平时用开关 S 加以短接，只在需要读数时才打开 S。

（2）直流耐压试验

直流耐压试验接线与直流泄漏电流的测量相同，操作方法也一样，二者往往是共同进

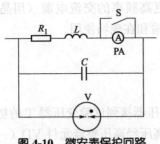

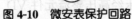

图 4-10　微安表保护回路

注意事项和结果分析

行，先测量泄漏电流，然后进行直流耐压试验。但在做直流耐压试验时需注意：直流耐压试验属于鉴定绝缘耐电强度的破坏性试验，需在其他各项非破坏性试验完成并且通过之后，才能进行；直流耐压试验的试验电压应根据有关试验标准的规定，并结合运行经验来确定；直流耐压试验大多采用在试验电压下 5～10min 的耐压时间，有的可达 15min。

（三）注意事项

① 在直流高压试验时，加在被试品上的试验电压脉动系数应不大于 3%。

② 直流泄漏电流测量时，微安表必须进行保护。

③ 对绝缘进行直流耐压试验时，为避免在电源合闸的瞬间产生过电压，应从 0 开始升压。在 75% 试验电压值以下时，应均匀缓慢地升高电压，以保证试验人员能从仪表上精确读数。通过 75% 试验电压值后，应以每秒 2% 试验电压值的速度升到 100% 试验电压值。在此值保持规定的时间后，切除交流电源，并通过适当的电阻使被试品和滤波电容放电。

④ 试验结束后，必须对被试品进行充分放电。对大容量试品，放电时应通过适当的放电电阻，如果直接对地放电，可能产生频率极高的振荡过电压，对被试品的绝缘有危害。放电电阻视试验电压高低和被试品的电容量大小而定，必须有足够的电阻值和热容量。

⑤ 温度对泄漏电流的测量结果影响显著。温度升高，泄漏电流增大。测量最好在被试品温度为 30～80℃时进行，因为在这样的温度范围内泄漏电流变化较明显，而低温时变化较小。

⑥ 表面泄漏电流的大小决定于被试品的表面状况，如表面受潮、脏污等。当空气湿度大时，表面泄漏电流会明显增大，甚至远大于体积泄漏电流；而被试品表面如果脏污则更易于吸潮，使表面泄漏电流进一步增加。因此，试验前必须擦净表面，并应用屏蔽电极。

⑦ 试验前对被试品进行充分放电，使被试品绝缘中的残余电荷释放殆尽，以免影响泄漏电流的数值。

（四）测量结果的分析和判断

对泄漏电流测量结果的分析和判断，与绝缘电阻和吸收比的测量结果分析方法类似。所测得的泄漏电流值不应超出《规程》的规定值，若明显超出，应查明原因。所测得的泄漏电流值与历次测量结果比较、与同类设备比较、与三相同一设备的其他相比较，均不应有明显差异，否则应查明原因，并设法消除。

通过泄漏电流与试验电压的关系曲线，可进一步分析绝缘的状况。如果泄漏电流随电压增长较快或急剧上升，则表明绝缘状况不良或内部有缺陷。

对于直流耐压试验，应从以下几方面来进行分析判断：被试品是否发生击穿；微安表指示有无周期摆动；泄漏电流随高电压时间延长的变化情况；高电压前后绝缘电阻值的变化；被试品是否发热等。

做一做

绘制以下任务的接线：

① 测量电力电缆的泄漏电流及直流耐压试验的试验接线图。

② 测量氧化锌避雷器的泄漏电流及直流耐压试验的试验接线图。

三、评价与反馈

评一评

（一）自我评价

1. 判断

① 测量时的高压引线应使用屏蔽线以避免泄漏电流对测量结果的影响，高压引线不应产生电晕。（　　　）

② 升降电压的速度对测量结果没有影响。（　　　）

③ 微安表可在高压端测量，也可在低压端测量。（　　　）

④ 表面泄漏电流的大小决定于被试品的表面状况。（　　　）

2. 简答

① 为何要采用负极性直流高压进行泄漏电流的测量？

② 直流泄漏电流试验的方法步骤和注意事项是什么？

③ 影响直流泄漏电流的测量和直流耐压试验的因素有哪些？

④ 如何根据试验结果判断设备绝缘状况？

3. 综合评价

① 能否正确使用 YTZG 系列直流高压发生器测量电气设备的泄漏电流并进行直流耐压试验？ 能□　　　不能□

② 能否正确使用微安表？ 能□　　　不能□

③ 能否正确进行试验接线？ 能□　　　不能□

④ 能否根据试验结果正确判断被试设备的绝缘状况？ 能□　　　不能□

⑤ 对本任务的学习是否满意？ 满意□　　　基本满意□　　　不满意□

（二）小组评价

① 学习页的填写情况如何？

评价情况：_____。

② 学习、工作环境是否整洁，完成工作任务后，是否对环境进行了整理、清扫？

评价情况：_____。

参评人员签字：_____

（三）教师评价

教师总体评价：

教师签字_____

_____年_____月_____日

工 作 页

工作任务	直流泄漏电流的测量和直流耐压试验		
专业班级		学生姓名	
工作小组		工作时间	

一、工作目标

① 掌握电力电缆测量泄漏电流和直流耐压试验的方法。
② 掌握氧化锌避雷器的 U_{1mA} 和 $0.75U_{1mA}$ 下泄漏电流 I 的测量方法。
③ 掌握用 YTZG 系列直流高压发生器测量电气设备绝缘的泄漏电流和直流耐压试验的接线方法。
④ 能够根据试验结果正确判断设备绝缘状况。

二、工作任务

测量电力电缆、氧化锌避雷器的泄漏电流及进行直流耐压试验，并判断被试设备的绝缘状况。

三、工作任务标准

① 熟悉各种电力设备的绝缘结构。
② 熟练掌握 YTZG 系列直流高压发生器的使用方法与步骤。
③ 学会根据《电力设备预防性试验规程》中的标准判断所测设备的绝缘状态。

四、工作内容与步骤

熟悉 YTZG 系列直流高压发生器——对设备绝缘表面进行清洁干燥处理——用 YTZG 系列直流高压发生器对被试设备进行泄漏电流的测量和直流耐压试验——根据测量结果判断绝缘状况——提交工作页——反馈评价，总结反思。

1. 熟悉直流高压发生器
YTZG 系列直流高压发生器结构及各部分作用：

泄漏电流测量和
直流耐压试验操作

YTZG 系列直流高压发生器使用方法：

直流耐压泄漏电流测量操作评价表		工作者	
	总得分		分值比例
	团队评价		工作小组

2. 对设备表面的处理

防污处理：＿＿＿＿＿＿＿＿＿＿＿＿＿＿＿＿＿＿＿＿＿＿＿＿＿＿＿＿＿＿

防潮处理：＿＿＿＿＿＿＿＿＿＿＿＿＿＿＿＿＿＿＿＿＿＿＿＿＿＿＿＿＿＿

3. 对设备进行泄漏电流的测量和直流耐压试验

（1）电力电缆　将泄漏电流测试值填入表 4-3 中。

试验接线图：

表 4-3　各相电缆的泄漏电流测试值　　　　　　　　　　　　　　　μA

相　别	试验电压倍数、时间				
	0.25 倍、1min	0.5 倍、1min	0.75 倍、1min	1.0 倍	
				1min	5min
U 相					
V 相					
W 相					

绘制电力电缆泄漏电流与电压的关系曲线：

（2）氧化锌避雷器

试验接线图：

测量结果：_____

4. 根据测量结果判断绝缘状况

判断标准——《电力设备预防性试验规程》（DL/T 596—1996）

（1）电力电缆

表 4-4 中为《规程》中部分电力电缆直流耐压试验并测量泄漏电流时的直流试验电压标准。

表 4-4　部分电力电缆泄漏电流测量与直流耐压试验标准试验电压

电缆类型	额定电压/kV (U_0/U)	直流试验电压/kV	说　明
橡塑绝缘电力电缆	3.6/6	18	U_0 为电力电缆导体与金属套或金属屏蔽之间的设计电压, U 为导体与导体之间的设计电压
	6/6,6/10	25	
	8.7/10	37	
	21/35	63	
	26/35	78	
	64/110	192	
纸绝缘电力电缆	3.6/6	17	
	6/6	30	
	8.7/10	47	
	21/35	105	
	26/35	130	

根据试验结果判断的电力电缆绝缘状况：_____

（2）氧化锌避雷器

U_{1mA} 为试品通过 1mA 直流时，被试品两端的电压值，《规程》规定：1mA 电压值 U_{1mA} 与初始值相比较，变化应不大于 ±5%。75% U_{1mA} 电压下的泄漏电流应不大于 50μA。这样比较的意义在于说明，当 U_{1mA} 电压降低 25% 时，合格的金属氧化物避雷器的泄漏电流大幅度的降低，从 1000μA 下降至 50μA 以下。若 U_{1mA} 电压下降或 75% U_{1mA} 下泄漏电流明显增大，就可能是避雷器阀片受潮老化或瓷质有裂纹。

根据试验结果判断的氧化锌避雷器绝缘状况：_____

评 价 表

任务名称			直流泄漏电流的测量和直流耐压试验			
工作组		组长		班级		
组员				日期		月　日　节
序号		评价内容		学生自评	学生互评	教师评价
知识	①	各种直流高压产生的基本原理				
	②	直流泄漏电流与电压变化的关系				
能力	①	YTZG 系列直流高压发生器的使用				
	②	根据试验结果判断设备绝缘状况				
职业行为	①	着装整齐,正确佩戴工具				
	②	工具和仪表摆放整齐				
	③	与他人进行良好的沟通和合作				
	④	安全意识、5S 意识				
综合评价						

评价规则: A. 完全掌握/做到/具备 B. 基本掌握/做到/具备 C. 没有掌握/做到/具备	收获感言

任务五 工频交流耐压试验

学 习 页

 **任务描述**

① 了解工频交流耐压试验的意义和特点。

② 掌握工频交流耐压试验的试验电压产生的方法。

③ 掌握利用 YD 油浸式耐压试验装置进行试验的方法。

④ 掌握根据试验结果判断被试设备绝缘状况的方法。

一、学习准备

（一）工频交流耐压试验意义

工频交流耐压试验是检验电气设备绝缘强度的最有效和最直接的方法。它可以用来确定电气设备绝缘的耐受水平，判断电气设备能否继续运行，是避免在运行中发生绝缘事故的重要手段。

在进行工频交流耐压试验时，对电气设备绝缘施加比工作电压高得多的试验电压，这些试验电压反映了电气设备的绝缘水平。耐压试验能够有效地发现导致绝缘耐压强度降低的各种缺陷。为避免试验时损坏设备，试验必须在一系列非破坏性试验之后再进行，只有经过非破坏性试验并合格后，才允许进行工频交流耐压试验。

对于 220kV 及以下的电气设备，一般用工频交流耐压试验来考验其耐受工作电压和操作过电压的能力，用全波雷电冲击电压试验来考验其耐受大气过电压的能力。但必须指出，在这种系统中确定工频试验电压时，要同时考虑内部过电压和大气过电压的作用。由于工频交流耐压试验比较简单，通常把工频交流耐压试验列为大部分电气产品的出厂试验，所以在交接试验和绝缘预防性试验中都需要进行工频交流耐压试验。

工频交流耐压试验作为基本试验，如何选择恰当的试验电压值是一个重要的问题。如果试验电压过低，则设备绝缘在运行中的可靠性也降低，在过电压作用下发生击穿的可能性增加；如果试验电压选择过高，则在试验时发生击穿的可能性以及产生的累积效应都将增加，从而增加检修的工作量和检修费用。一般考虑到运行中绝缘的老化及累积效应、过电压的大小等，对不同设备需加以区别对待，这主要由运行经验来决定。中国有关国家标准以及部颁《电力设备预防性试验规程》中，对各类电气设备的试验电压都有具体的规定。

按国家标准规定，在进行工频交流耐压试验时，在绝缘上施加的工频试验电压要持续1min，这个时间的长短既保证了全面观察被试品的情况，又能使设备隐藏的绝缘缺陷来得及暴露出来。试验的加压时间不宜太长，以免引起不应有的绝缘损伤，使本来合格的绝缘发生热击穿。运行经验表明，凡经受得住1min工频交流耐压试验的电气设备，一般都能保证安全运行。

（二）YD油浸式耐压试验装置

YD油浸式耐压试验装置包括试验变压器（YD-10kV·A/50kV/200V）和控制箱（CZX-10kV·A/380V）。

试验变压器技术参数如下。

- 输入电压：200V
- 输出电压：AC-50kV
- 输入电流：50A
- 输出电流：200MA
- 额定容量：10kV·A
- 工作频率：50Hz
- 绝缘介质：25号油
- 主机重量：52kg
- 空载电流：≤8%
- 阻抗电压：≤8%
- 硅钢片：DQ-130

配套控制台设有时间继电器及声光报警装置，过流保护，零位启动保护，手动调压，指针显示电压电流；额定容量为10kV·A，输入电压220V，输出0～250V。

（三）工频交流耐压试验与直流耐压试验的对比

① 进行工频高电压试验时，由于在交流高电压下流过绝缘的是电容电流，数值较大，需要较大容量的试验变压器。与交流耐压试验相比，直流耐压试验设备轻小。这是因为在直流高电压作用下，绝缘介质中只有很小的泄漏电流流通。对于一些电容量较大的试品（例如电缆、电容器等），进行直流耐压试验所需试验设备的容量较小，试验设备体积小、重量轻，便于在现场进行试验。

② 直流耐压试验对绝缘的损伤程度比交流耐压试验小。在绝缘上施加直流高电压时，绝缘内部的介质损耗较小，即使长时间加直流高压也不会使绝缘强度显著降低。例如，内部含有气泡的被试绝缘介质在直流高压作用下，气泡中发生局部放电。在外电场的作用下，局部放电产生的正、负电荷分别向两极移动，停留在气泡壁上，如图5-1所示。这使得气泡内的电场减弱，从而抑制了气泡中局部放电过程的继续进行。但在交流电压作用下，每当电压改变一次方向，气泡内的局部放电不但不会减弱，反而会因气泡内的电场加强而加剧局部放电的发展。因此，做交流耐压试验时，每个半周里都要发生局部放电，会扩大绝缘介质的局部缺陷，导致绝缘性能进一步下降。所以，直流耐压试验的试验电压更高，加压的时间也可以较长，一般为5～10min。

③ 在直流试验电压下，绝缘内的电压分布由电导决定，因而与交流运行电压下的电压分布不同，所以它对交流电气设备绝缘的考验不如交流耐压试验那样接近实际。

① 工频交流耐压试验能够发现设备绝缘的哪些缺陷？
② 工频交流耐压试验所需试验电压如何产生？
③ 如何产生更高的试验电压？

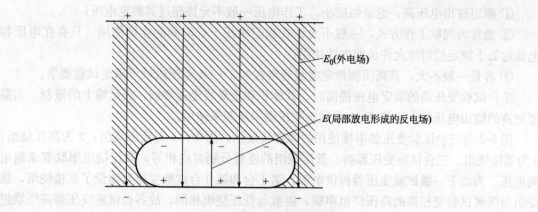

图 5-1　气泡中局部放电情况

二、计划与实施

（一）试验接线

用高压试验变压器直接进行高电压试验，试验原理接线如图 5-2 所示。图中，T 为试验变压器，用来升高电压；TA 为调压器，用来调节试验变压器的输入电压；F 为保护球隙，用来限制试验时可能产生的过电压，以保护被试品，其放电电压调整为试验电压的 1.1 倍；R_1 为保护电阻，用来限制被试品突然击穿时在试验变压器上产生的过电压及限制流过试验变压器的短路电流，R_1 一般取 0.1～1Ω/V；R_2 为球隙保护电阻，用来限制球隙击穿时流过球隙的短路电流，以保护球隙不被灼伤，它可以防止由于球隙击穿而产生的截波电压和瞬时振荡电压加在试品上，还可以防止球隙高压侧的某些部分发生局部放电时在球隙上造成振荡电压而使球隙误动作，R_2 一般可取 0.1～5Ω/V；C_x 为被试品。此外，为保护试验设备，试验变压器低压回路还应有过电流保护及监视电压、电流的电压表和电流表，它们一般装在一个控制台内。

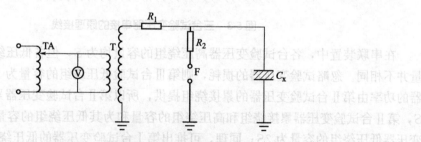

图 5-2　工频耐压试验的原理接线图

产生工频高电压的试验变压器实质上是一种单相升压变压器。进行交流耐压试验时对试验变压器的要求主要有两点：一是其高压绕组的额定电压应不小于被试品的试验电压值；二是其额定容量应不小于由被试品试验电压及试验电压下流过被试品的电流决定的被试品容量，且在被试品击穿或闪络后能短时维持电弧。

试验变压器具有以下特点：

① 额定输出电压高，绝缘裕度小，工作电压一般不允许超过其额定电压；

② 通常为间歇工作方式，一般不允许在额定电压下长时间的连续使用，只有在电压和电流远低于额定值时才允许长期连续使用；

③ 容量一般不大，其高压侧额定电流通常在 0.1~1A 范围内就可满足试验要求。

单台试验变压器的额定电压提高时，其体积和重量将迅速增加，受运输上的限制，当需要更高的输出电压时，可将 2~3 台试验变压器串接起来使用。

图 5-3 为三台试验变压器串接使用的原理接线图。图中：1 为低压绕组；2 为高压绕组；3 为累接绕组。三台试验变压器高、低压绕组的匝数分别对应相等，高压绕组串联起来输出高电压。为给下一级试验变压器提供电源，第Ⅰ台和第Ⅱ台试验变压器增设了累接绕组，该绕组与所属试验变压器的高压绕组串联，匝数与低压绕组相同，故各台试验变压器高压绕组的电压相等。各台试验变压器高压绕组的电压为 U，由于第Ⅰ台试验变压器高压绕组的一端与外壳相连并接地，另一端与第Ⅱ台试验变压器的外壳相连，所以第Ⅱ台试验变压器外壳对地的电压为 U，高压绕组输出端对地电压为 $2U$。同理，第Ⅲ台试验变压器外壳对地电压为 $2U$，高压绕组输出端对地的电压为 $3U$。因为第Ⅱ台、第Ⅲ台试验变压器外壳分别带有 U 和 $2U$ 的高电位，所以必须用能耐受相应电压的绝缘支架或支柱绝缘子支撑起来，保持对地绝缘，同时应对第Ⅲ台试验变压器的支柱绝缘子采用强制固定表面电位的方法使其表面的电位分布趋于均匀。

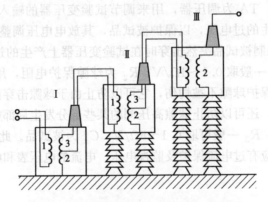

图 5-3　三台试验变压器串接的原理接线

在串联装置中，各台试验变压器高压绕组的容量均为 S，但各低压绕组和累接绕组的容量并不相同。忽略试验变压器的损耗，则第Ⅲ台试验低压绕组的容量为 S；第Ⅲ台试验变压器的功率由第Ⅱ台试验变压器的累接绕组提供，所以第Ⅱ台试验变压器累接绕组的容量也为 S，第Ⅱ台试验变压器累接绕组和高压绕组的容量和为其低压绕组的容量，所以第Ⅱ台试验变压器低压绕组的容量为 $2S$；同理，可推出第Ⅰ台试验变压器的低压绕组的容量为 $3S$。各台试验变压器的容量就是其低压绕组的容量，所以三台试验变压器的容量之比为 3：2：1，三台试验变压器的总容量为 $6S$，而输出容量只有 $3S$。可见，三台试验变压器串联装置的容量利用率只有 50%。如果串联的试验变压器台数增加，容量利用系数将会更低，而且串联装置的漏抗也会增加。实际中，串接试验变压器的台数一般不超过三台。

进行工频交流耐压试验时，试验变压器或其串接装置的输出电压必须能从零到额定值间连续可调，为此应在其与电源间接入调压设备。常用的调压设备主要有以下几种。

（1）自耦调压器

自耦调压器具有调压范围广、漏抗小、对波形的畸变小、体积小、重量轻，价格低等优点，在试验变压器容量不大时（单相不超过 10kV·A）普遍采用。由于它是利用移动碳刷接触调压，调压时容易发热，所以容量不能做得太大，一般用于 10kV 以下试验变压器调压。

（2）移圈式调压器

移圈式调压器一般有三个绕组套在闭合 E 字铁芯上，其中两个为匝数相等、绕向相反互相串联的固定绕组，另一个为套在这两绕组之外的短路绕组，通过移动短路绕组的位置而改变铁芯中的磁通分布，从而实现输出电压的调整。它最大的特点是由于不存在滑动触头，容量可以做得很大（国内生产的容量可达 2250kV·A），但由于两固定绕组各自形成的主磁通不能完全通过铁芯形成闭合磁路，所以它的漏抗较大，且随短路绕组的位置而异，从而使输出波形产生不同程度的畸变。这种调压方式广泛用于对容量要求较大、对波形要求不十分严格的场合。

图 5-4 为移圈式调压器的原理接线和结构示意图。图中，辅助绕组 1 和主绕组 2 分别安放于中间铁芯柱的上、下两个部分。这两个绕组的匝数相等但绕向相反，串联起来构成一次绕组。主绕组 2 的外面是补偿绕组 3，它与主绕组 2 异名端相连，其作用是补偿调压器内部的电压降，保证调压器的输出电压达到要求值。最外面是可以上下移动的短路线圈 4。

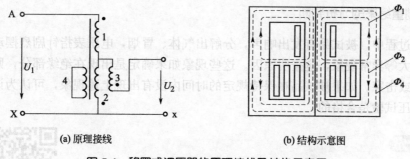

（a）原理接线　　　　　　　　　　　（b）结构示意图

图 5-4　移圈式调压器的原理接线及结构示意图

当调压器空载时，给其输入端加上电源电压 U_1 后，若短路绕组 4 不存在，则辅助绕组 1 和主绕组 2 上的电压各为 $U_1/2$。由于这两个绕组的绕向相反，它们产生的主磁通 Φ_1 和 Φ_2 不能沿铁芯闭合，只能通过非导磁材料自成闭合回路。实际上由于短路绕组的存在，铁芯中的磁通分布将随短路线圈位置的不同而发生变化。当短路线圈处于最下端时，主绕组 2 产生的磁通 Φ_2 几乎完全被短路线圈产生的反磁通 Φ_4（沿铁芯闭合）所抵消，主绕组 2 上及补偿绕组 3 上的电压接近于零，输出电压 $U_2 \approx 0$；当短路线圈处于最上端时，情况正好相反，辅助绕组 1 上的电压降为零，电源电压 U_1 降落在主绕组上，输出电压 U_2 约等于 U_1 与补偿绕组上电压之和。当短路线圈由最下端连续而平稳地向上移动时，输出电压即由零逐渐均匀地升高，这样就实现了调压。

（3）感应调压器

感应调压器的结构与绕线式异步电动机相似，但其转子处于制动状态，作用原理又与变压器相似。它是通过改变转子与定子的相对位置实现调压。这种调压器容量可以做得很大，但漏抗较大，且价格较贵，一般很少采用。

（4）电动发电机组

这种调压方式不受电网电压质量的影响，可以得到很好的正弦电压波形和均匀的电压调节。如果采用直流电动机带动发电机，则还可以调节输出电压的频率。这种调压装置的投资和运行费用较大，只适合于对试验电源要求很严格的场合。

（二）注意事项

① 被试品为有机绝缘材料时，试验后应立即触摸绝缘物，如出现普遍或局部发热，则认为绝缘不良，应立即处理，然后再做试验。

② 对夹层绝缘或有机绝缘材料的设备，如果高电压试验后的绝缘电阻值，比高电压试验前下降30％，则认为该试品不合格。

③ 在试验过程中，若由于空气的温度、温度、表面脏污等影响，引起被试品表面滑闪放电或空气放电，不应认为被试品不合格，需经清洁、干燥处理之后，再进行试验。

④ 试验时升压必须从零开始，不允许冲击合闸。升压速度在40％试验电压以内，可不受限制，之后应均匀升压，速度为每秒钟3％的试验电压。在试验电压下保持规定的时间后，应很快降到1/3试验电压或更低，然后切断电源。

⑤ 高电压试验前后，均应测量被试品的绝缘电阻值。

⑥ 试验时应记录试验环境的气象条件，以便对试验电压进行气象校正。

（三）测量结果的分析判断

在试验过程中，被试品有发出响声，分解出气体、冒烟，电压表指针剧烈摆动，电流表指示急剧增大等异常现象，应查明原因。这些现象如果确定是出现在绝缘部分，则认为被试品存在缺陷或击穿。如果被试品在保持规定的时间内没有出现上述现象，可认为该被试品的工频交流耐压试验是合格的。

根据工频交流耐压试验原理接线图绘制试验接线图。

工频交流耐压试验注意
事项和结果分析

三、评价与反馈

（一）自我评价

1. 判断

① 工频交流耐压试验是检验电气设备绝缘裕度最有效、最直接的方法。（　　）

② 在进行工频交流耐压试验加压时电压可以不从零开始升压。（　　）

③ 经调压器输出的电压波形应保持为正弦波。（　　）

④ 对电气设备绝缘的判断，工频交流耐压试验比直流耐压试验更接近实际。（　　）

2. 简答

① 工频耐压试验区别于直流耐压试验的特点有哪些？

② 为什么在进行工频交流耐压试验前必须预先进行各项非破坏性的绝缘预防性试验？

③ 进行工频交流耐压试验为什么需要调压设备，调压设备有哪些？

④ 工频交流耐压试验容易受哪些因素的影响？

3. 综合评价

① 能否正确掌握工频交流耐压试验的试验方法？ 能☐　　　不能☐

② 能否根据试验结果判断被试品的绝缘状况？ 能☐　　　不能☐

③ 对本任务的学习是否满意？ 满意☐　　　基本满意☐　　　不满意☐

（二）小组评价

① 学习页的填写情况如何？

评价情况：_____。

② 学习、工作环境是否整洁，完成工作任务后，是否对环境进行了整理、清扫？

评价情况：_____。

参评人员签字：_____。

（三）教师评价

教师总体评价：

教师签字_____

_____年_____月_____日

工 作 页

工作任务		工频交流耐压试验	
专业班级		学生姓名	
工作小组		工作时间	

一、工作目标

① 掌握利用 YD 油浸式耐压试验装置进行工频交流耐压试验的接线和试验方法。
② 学会利用工频交流耐压试验结果分析判断被试设备的绝缘状况。

二、工作任务

利用高压试验变压器产生工频高电压对被试品进行工频交流耐压试验，根据试验结果分析判断被试设备绝缘状况。

三、工作任务标准

① 按国家标准规定，在绝缘上施加的工频试验电压要持续 1min。
② 根据《电力设备预防性试验规程》中的规定确定各类电气设备的试验电压。
③ 学会根据《电力设备预防性试验规程》中的标准判断所测设备的绝缘状态。

四、工作内容与步骤

熟悉 YD 油浸式耐压试验装置——确定被试品具备耐压试验条件——对设备绝缘表面进行清洁干燥处理——对被试品进行交流工频耐压试验——根据测量结果判断绝缘状况——提交工作页——反馈评价，总结反思。

1. 熟悉 YD 油浸式耐压试验装置
YD 油浸式耐压试验装置技术参数：

工频交流耐压试验

2. 确定被试品具备耐压试验条件

工频耐压试验必须在一系列非破坏性试验并保证合格后才能进行，非破坏性试验包括_____

3. 对设备绝缘表面进行清洁干燥处理

防污处理：_____

防潮处理：_____

4. 对被试品进行工频交流耐压试验

根据试验原理图 5-5 绘制试验接线图。

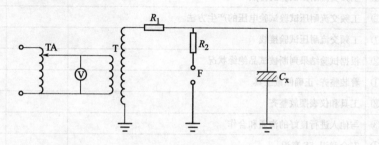

图 5-5　工频交流耐压试验原理图

5. 根据测量结果判断绝缘状况

判断标准——《电力设备预防性试验规程》（DL/T 596—1996）。

在试验过程中，若出现被试品发出响声、分解出气体、冒烟、电压表指针剧烈摆动、电流表指示急剧增大等异常现象，应查明原因。这些现象如果确定是出现在绝缘部分，则认为被试品存在缺陷或击穿。如果被试品在规定的时间内没有出现上述现象，可认为该被试品的工频交流耐压试验是合格的。

根据试验结果判断的被试设备绝缘状况_____

评 价 表

任务名称					工频交流耐压试验			
工作组			组长			班级		
组员					日期		月 日 节	
序号		评价内容				学生自评	学生互评	教师评价
知识	①	工频交流耐压试验的特点						
	②	工频交流耐压试验试验电压的产生方法						
能力	①	工频交流耐压试验接线						
	②	根据试验结果判断被试品绝缘状况						
职业行为	①	着装整齐,正确佩戴工具						
	②	工具和仪表摆放整齐						
	③	与他人进行良好的沟通和合作						
	④	安全意识、5S 意识						
综合评价								

	收获感言
评价规则: A. 完全掌握/做到/具备 B. 基本掌握/做到/具备 C. 没有掌握/做到/具备	

任务六 绝缘油试验

任务描述

① 了解绝缘油试验基本原理。

② 了解绝缘油中溶解气体的气相色谱分析方法。

③ 了解 DY-6000 绝缘油介质损耗及电阻率测试仪主要功能特点。

④ 掌握 DY-6000 绝缘油介质损耗及电阻率测试仪结构及操作方法。

⑤ 掌握 DY-6000 绝缘油介质损耗及电阻率测试仪常见故障及解决办法。

⑥ 掌握根据试验结果判断绝缘油绝缘状况的方法。

一、学习准备

DY-6000 绝缘油介质损耗及电阻率测试仪依据 GB/T 5654—2007《液体绝缘材料相对电容率、介质损耗因数和直流电阻率的测量》设计制造，为一体化结构，用于绝缘油等液体绝缘介质的介质损耗因数和直流电阻率的测量，内部集成了介损油杯、温控仪、温度传感器、介损测试电桥、交流试验电源、标准电容器、高阻计、直流高压源等主要部件。仪器内部采用全数字技术，全部智能自动化测量，配备了大屏幕（240×128）液晶显示器，全中文菜单，每一步骤都有中文提示，测试结果可以自动存储并打印输出，操作人员不需专业培训就能熟练使用。

1. 主要功能及特点

① 油杯采用符合国标 GB/T 5654—2007 的三电极式结构，极间间距 2mm，可消除杂散电容及泄漏对介损测试结果的影响。

② 仪器采用中频感应加热，PID 控温算法。该加热方式具备油杯与加热体非接触、加热均匀、速度快、控制方便等优点，使温度严格控制在预设温度误差范围以内。

③ 内部标准电容器为 SF_6 充气三电极式电容，该电容的介损及电容量不受环境温度、湿度等影响，仪器精度在长时间使用后仍然得到保证。

④ 交流试验电源采用 AC-DC-AC 转换方式，有效避免市电电压及频率波动对介损测试准确性的影响，即便是发电机发电，该仪器也能正确运行。

⑤ 完善的保护功能。当有过压、过流、高压短路时，仪器能迅速切断高压，并发出警告信息。当温度传感器失效或没有连接时，发出警告信息。

⑥ 在中频感应加热炉内设有限温继电器，当温度超过 120℃ 时，继电器释放，加热停止。试验参数设置方便。温度设置范围 0～125℃，交流电压设置范围 500～2200V，直流电压设置范围 0～500V。

⑦ 采用大屏幕 LCD 显示器，具有背光、显示清晰。人机界面友好，只需按照汉字菜单提示、输入命令，仪器即可自动进行测试，并自动存储和打印测试结果。

⑧ 自带实时时钟，测试日期、时间可随测试结果保存、显示、打印。

⑨ 空电极杯校准功能。测量空电极杯的电容量和介质损耗因数，以判断空电极杯的清洗和装配状况。校准数据自动保存，以利于相对电容率和直流电阻率的精确计算。

2. 主要技术指标（表 6-1）

表 6-1　DY-6000 绝缘油介质损耗及电阻率测试仪主要技术指标

电源电压		AC220V±10%
电源频率		50Hz/60Hz±1%
测量范围	电容量	5～200pF
	相对电容率	1.000～30.000
	介质损耗因数	0.00001～100
	直流电阻率	2.5MΩ·m～20TΩ·m
测量精度	电容量	±(1%读数＋0.5pF)
	相对电容率	±1%读数
	介质损耗因数	±(1%读数＋0.0001)
	直流电阻率	±10%读数
分辨率	电容量	0.01pF
	相对电容率	0.001
	介质损耗因数	0.00001
测温范围		0～125℃
温度测量误差		±0.5℃
交流试验电压		500～2200V 连续可调,频率 50Hz
直流试验电压		0～500V 连续可调
功耗		100W
外形尺寸		500×360×420
总重量		22kg
使用条件	环境温度	0～40℃
	相对湿度	<75%

3. 面板说明

操作面板如图 6-1，顶面板如图 6-2，背面板如图 6-3。

仪器操作说明及注意事项如下。

① 仪器要可靠接地，电源入口引入 AC220V 电源。

② 打开箱盖，可将油杯取出，加热及测试介损时，应将箱盖关上。

③ 箱盖具有开盖保护，打开箱盖时，会中断加热及中断高压。

④ 测试过程中，内部有高压及高温，禁止在通电和测试时接触油杯和电缆及插座。

⑤ 注油和排油时、应小心操作以免将油撒入油杯槽、顶面板。

⑥ 若测试时出现死机现象，请重新开机，重启仪器。

⑦ 使用适当的电源线。只可使用本产品专用、符合本产品规格的电源线，并且要正确地连接和断开。

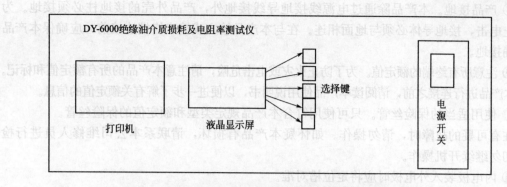

图 6-1 DY-6000 绝缘油介质损耗及电阻率测试仪操作面板

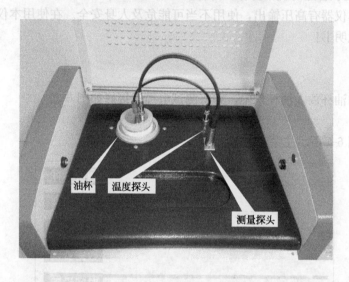

图 6-2 DY-6000 绝缘油介质损耗及电阻率测试仪顶面板

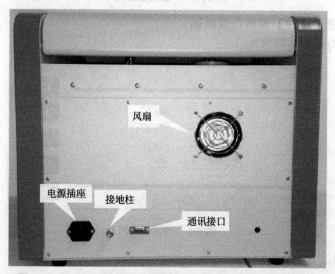

图 6-3 DY-6000 绝缘油介质损耗及电阻率测试仪背面板

67

⑧ 产品接地。本产品除通过电源线接地导线接地外，产品外壳的接地柱必须接地。为了防止电击，接地导体必须与地面相连。在与本产品输入或输出终端连接前，应确保本产品已正确接地。

⑨ 注意所有终端的额定值。为了防止火灾或电击危险，请注意本产品的所有额定值和标记。在对本产品进行连接之前，请阅读本产品使用说明书，以便进一步了解有关额定值的信息。

⑩ 使用适当的保险丝管。只可使用符合本产品规定类型和额定值的保险丝管。

在有可疑的故障时，请勿操作。如怀疑本产品有损坏，请联系本公司维修人员进行检查，切勿继续开机操作。

⑪ 内电极装入外电极时应将定位槽对准。

⑫ 请勿在潮湿、易爆环境下操作，并保持产品表面清洁和干燥。

特别提示：本仪器有高压输出，使用不当可能危及人身安全。在使用本仪器之前，务必先仔细阅读使用说明书！

4. 操作方法

（1）准备

将清洗干净的油杯放入油杯槽中，并将测试电缆连接好如图 6-2。

（2）开机

液晶显示如图 6-4 所示主菜单。

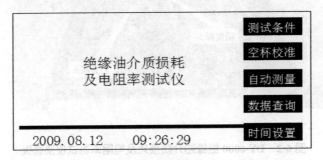

图 6-4　仪器主菜单

（3）进入【测试条件】参数设置画面

图 6-5 所示为测试条件界面。

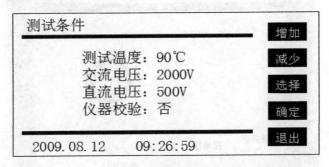

图 6-5　测试条件界面

① 参数范围。

• 温度：0～125℃

- 交流电压：AC500～2200V
- 直流电压：DC0～500V
- 仪器校验：是或否

② 参数的设置方法。按【选择】键移动光标至预设置处，按【增加】或【减小】键进行循环设置。

按【确定】或【退出】键，仪器保存所设置的参数，回到主菜单。下次开机仪器保留上次所设参数，不需重新设置。

③ 仪器校验。当仪器校验设为"是"后，可在不升温、不盖箱盖的条件下测量介损和电阻率，一般在校验仪器时使用。

（4）空杯校准

进入空杯校准之前，要确定在杯位的测试油杯是无油样空油杯，并且连接好测试电缆和温度探头电缆。

按【空杯校准】键，进入空杯校准画面，图 6-6 是在升温的过程中按"确定"键，即在当前温度下升压。图 6-7 是在升压的过程中按"确定"键，即在当前电压下测试。

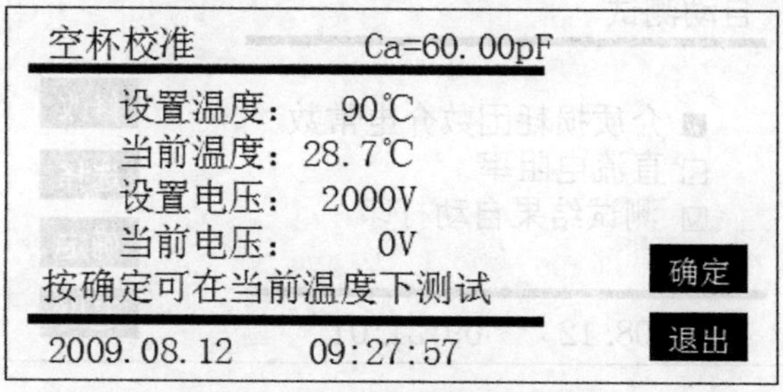

```
空杯校准          Ca=60.00pF
    设置温度：   90℃
    当前温度：  28.7℃
    设置电压：  2000V
    当前电压：   0V
按确定可在当前温度下测试        确定
2009.08.12      09:27:57      退出
```

图 6-6 空杯校准温度调节界面

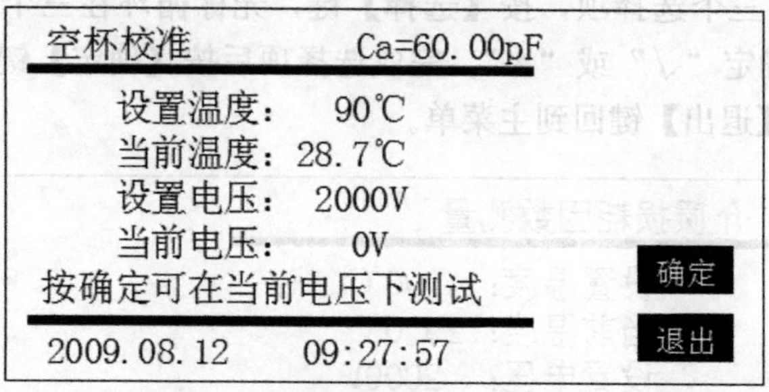

```
空杯校准          Ca=60.00pF
    设置温度：   90℃
    当前温度：  28.7℃
    设置电压：  2000V
    当前电压：   0V
按确定可在当前电压下测试        确定
2009.08.12      09:27:57      退出
```

图 6-7 空杯校准电压调节界面

① 升温。油杯升温开始，温度可以升到预设温度值。由于温度对充满空气的电极杯的电容量和介质损耗因数无明显影响，所以，这时可以按【确定】键在当前常温下测试。按【退出】键回到主菜单。

② 升压。当温度值达到设置控温值，或在升温过程中按【确定】键后，自动转入升压状态，此时电压值在增加并调整。当电压值达到预设电压值时，或在升压过程中按【确定】键后，仪器停止升压，进入测试状态。

③ 校准结果。空杯校准测量结束后，图 6-8 所示画面显示校准结果。此时按【确定】键保存校准结果，按【退出】键回到主菜单。

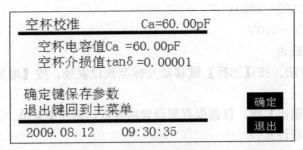

图 6-8　空杯校准结果显示

（5）自动测量

进入自动测量之前，先将内电极从外电极中取出，用量筒取 40ml 被测油样，倒入油杯的外电极，再将内电极的定位槽与外电极的定位柱对准放入外电极，并且连接好测试电缆和温度探头电缆。

按【自动测试】键，进入自动测试的画面，如图 6-9。

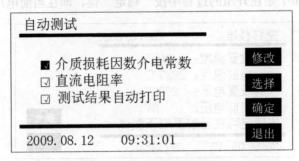

图 6-9　自动测试选择界面

图 6-9 所示画面有三个选择项，按【选择】键，光标循环在三个选择项跳动。按【修改】键，在光标处可确定"√"或"×"。完成选择项后按【确定】键，仪器进入自动测试画面，如图 6-10。按【退出】键回到主菜单。

图 6-10　自动测量界面

① 升温。油杯升温开始，温度可以升到预设温度值。由于温度对绝缘油品质性能有非常大的影响，所以，应在预设温度下进行测试，当然也可以按【确定】键在当前常温下测试。按【退出】键回到主菜单。

② 升压。当温度值达到设置控温值，或在升温过程中按【确定】键后，自动转入升压状态。当电压值达到预设电压值时，或在升压过程中按【确定】键后，仪器停止升压，进入

测试状态。

③ 测试结果。测试结束后，图 6-11 所示画面显示测试结果。如果前面选择了自动打印项，此时打印机自动打印测试结果。若无选择自动打印项，按【打印】键，打印机打印显示的测试结果。按【退出】键回到主菜单。

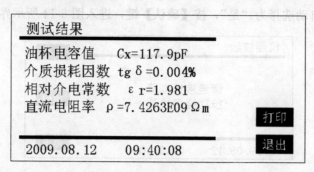

图 6-11 自动测量结果显示界面

（6）数据查询

按【数据查询】键，进入数据查询画面，如图 6-12。

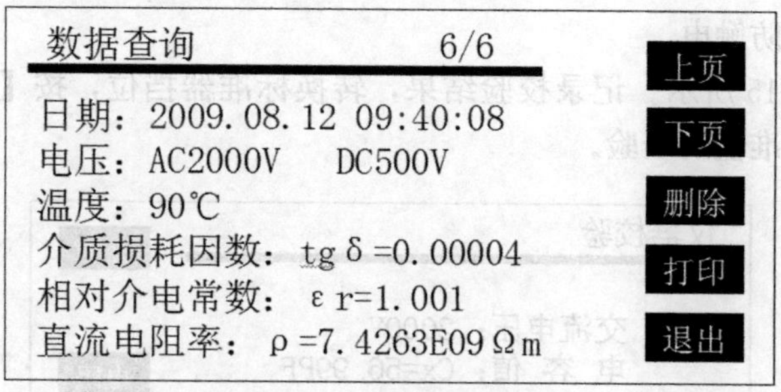

图 6-12 数据查询界面

仪器画面显示总页数和当前页数，最多保存 99 页。按【上页】和【下页】键，可以进行向上和向下翻页。按【删除】键，可以删除当前显示页的数据。按【打印】键，可以打印当前页的数据。按【退出】键回到主菜单。

（7）时间设置

按【时间设置】键，进入时间设置画面，如图 6-13。

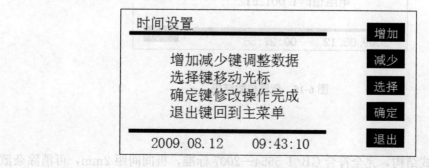

图 6-13 时间设置界面

按【选择】键移动光标。按【增加】【减小】键调整数据。按【确定】键完成修改操作。按【退出】键回到主菜单。

5. 仪器校验

在仪器主菜单界面，按【测试条件】进入图 6-14 所示界面。按【选择】键，移动光标到仪器校验位置，自动选择为"是"，按【确认】键，进入图 6-14 所示界面。

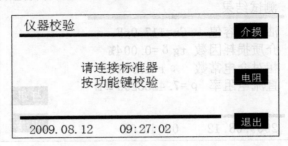

图 6-14　仪器校验界面

正确连接好标准器（介质损耗标准器或标准高阻箱），若校验介质损耗因数，按【介损】键。若校验电阻值，按【电阻】键。按【退出】键返回主菜单。在仪器校验过程中，仪器可开盖操作，但是要慎防触电。

校验结果如图 6-15 所示。记录校验结果，转换标准器挡位，按【介损】键或【电阻】键，继续下一挡位标准值的校验。

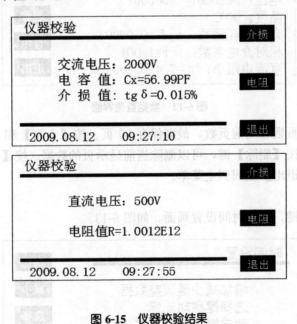

图 6-15　仪器校验结果

6. 油杯简介

（1）油杯结构

油杯采用三极式结构，完全符合 GB/T 5654—2007 标准，极间间距 2mm，可消除杂散电容及泄漏对介损测试结果的影响。

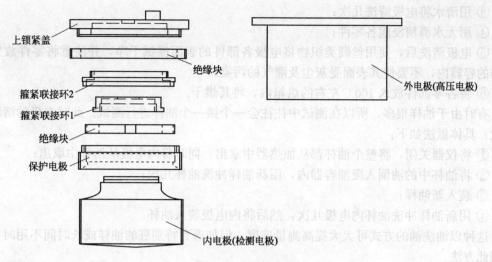

上锁紧盖
绝缘块
箍紧联接环2
箍紧联接环1
绝缘块
保护电极
外电极(高压电极)
内电极(检测电极)

图 6-16　油杯结构图

① 高低压电极之间距离为 2mm；

② 空杯电容量（60±2）pF；

③ 最大测试电压为工频 2000V；

④ 空杯介损 $\tan\delta < 1 \times 10^{-4}$；

⑤ 液体容量约 40ml；

⑥ 电极材料采用不锈钢。

（2）拆装油杯

① 装入油杯：将油杯平稳放入仪器加热炉内，保证油杯底部接触良好，以便有良好的电接触和热接触，装入后应将测试线和温度探头装好，测试线插入测试电极插座并旋紧，温度探头插入内电极孔中。

② 取出油杯：取下测试线和温度探头后向上直接将油杯取出。

（3）拆装油杯电极

将内电极固定钮（箍紧联接环1）旋松后可将内电极全部取出；同样，装入内电极后应将内电极固定钮旋紧。

注意：内电极系非常精密的部件，取出、装入时一定动作缓慢、平稳，内外电极间不要碰撞，以防破坏表面，导致整个油杯报废。

（4）装入油样

将内电极取出，往油杯内倒入油样 40ml，注意尽可能不要在油中夹入气泡，然后将内电极装入油杯，且需静止 15min 以上，让气泡全部排出后方可进行测试。

（5）油杯清洗

测量前，应对油杯进行清洗，这一步骤非常重要。因为绝缘油对极微小的污染都有极为敏感的反应。因此必须严格按照下述方法要点进行。

方法一：

① 完全拆卸油杯电极；

② 用中性擦皂或洗涤剂清洗。磨料颗粒和摩擦动作不应损伤电极表面；

73

③ 用清水将电极清洗几次；

④ 用无水酒精浸泡各零件；

⑤ 电极清洗后，要用丝绸类织物将电极各部件的表面擦拭干净，并注意将零件放置在清洁的容器内，不要使其表面受灰尘及潮气的污染；

⑥ 将各零部件放入 100℃ 左右的烘箱内，将其烘干。

有时由于油样很多，所以在测试中往往会一个接一个油样进行测试。此时电极的清洗可简化。具体做法如下：

① 将仪器关闭，将整个油杯都从加热器中拿出，同时将内电极从油杯中取出；

② 将油杯中的油倒入废油容器内，用新油样冲洗油杯几次；

③ 装入新油样；

④ 用新油样冲洗油杯内电极几次，然后将内电极装入油杯。

这种以油洗油的方式可大大提高测量速度，但如遇到特别脏的油样或长时间不用时，应使用此方法。

方法二：

① 将电极杯拆开（参见图 6-16 油杯结构图）；

② 用化学纯石油醚和苯彻底清洗油杯的所有部件；

③ 用丙酮再次清洗油杯，然后用中性洗涤剂漂洗干净；

④ 用 5% 的磷酸钠蒸馏水溶液煮沸 5min，然后用蒸馏水洗几次；

⑤ 用蒸馏水将所有部件清洗几次；

⑥ 将部件在温度为 105～110℃ 的烘箱中烘干 60～90min；

⑦ 各部件洗净后，待温度降至常温时将其组装好。

方法三：超声波清洗方法。

① 拆开油杯；

② 用溶剂冲洗所有部件；

③ 在超声波清洗器中用肥皂水将所有部件振荡 20min；取出部件，用自来水及蒸馏水清洗；再用蒸馏水振荡 20min。

方法四：溶剂清洗法。

① 拆开油杯；

② 用溶剂冲洗所有部件，更换二次溶剂；

③ 先用丙酮，再用自来水洗涤所有部件，接着用蒸馏水清洗；

④ 将部件在温度为 105～110℃ 的烘箱中，烘干 60～90min。

当试验一组同类没有使用过的液体样品时，只要上次试验过的样品的性能优于待测油的规定值，可使用同一个电极杯而无需中间清洗。如果试验过的前一样品的性能值劣于待测油的规定值，则在做下一个试验之前必须清洗电极杯。

7. 常见故障

(1) 屏幕显示"电极杯短路"

答：首先查看内电极与外电极的定位槽是否对准，再检查"内电极"安装是否有松动。

(2) 屏幕显示"请进行【空杯校准】"

答：空杯电容值不在 60±5pF 的范围内的时候，需要空杯校准；①油杯的内外电极未放好或内电极未组装好，有放电现象；②油杯不干净，在内外电极之间有杂质需要进行清洗。

（3）蜂鸣器响 5 声后仪器返回到开机界面

答：①检查空杯电容值是否在 60±5pF 范围之内；②检查油杯是否放好，有无放电现象。

（4）在做直流电阻率时，电化 60s 时间不变化

答：检查仪器的时钟是否在运转，调整时钟。

（5）被测电压参数个位显示不为零时怎么办

答：用【减小】键使被设电压值变为最小，再用【增加】键调整即可。

想一想

① 绝缘油试验包括哪些试验？

② 通过绝缘油试验能够发现哪些缺陷？

③ 影响液体介质击穿电压的主要因素有哪些？

④ 如何提高绝缘油的击穿电压？

二、计划与实施

（一）绝缘油的电气强度试验

绝缘油的电气强度试验又称油耐压试验，实际是测量绝缘油的瞬时击穿电压值的试验。电气强度试验的试验接线与交流耐压试验相同，如图 6-17(a) 所示，即在绝缘油中放入一定形状的标准试验电极，如图 6-17(b) 所示。在电极间施加 50Hz 工频电压，以一定速率逐渐升压直至电极间的油隙击穿为止。该电压即为绝缘油的击穿电压（kV），可将其换算为击穿强度（kV/cm）。

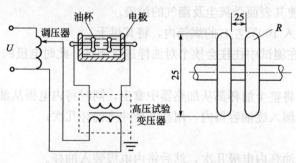

(a) 油击穿强度试验接线　　(b) 油击穿强度试验电极尺寸

图 6-17　油击穿强度试验接线及电极尺寸

试验前，油样应在不破坏原密封状态下在试验室中放置一段时间，使油样接近环境温度。在倒油前应使油混匀并尽量避免产生气泡，然后用油样将油杯和电极冲洗 2~3 次，将油样沿杯壁徐徐注入油杯，盖上杯罩，静置 10min。试验时，从零开始升压，速度约为 3kV/s，直至油隙击穿，记录击穿电压值。这样重复操作 5 次，取平均值为测定值。为了减少油击穿后产生碳粒，应将击穿时的电流限制在 5mA 左右。在每次击穿后应对电极间的油进行充分搅拌，并静置 5min 后再试验。

应注意，对于长期未使用的或受污染的电极和油杯，在使用前应先用汽油、苯或四氯化碳洗净后烘干，洗涤时应使用洁净的丝绢，而不得用布和棉纱。经常使用的电极和油杯，在不使用时以清洁干燥的油充满，并放置于干燥防尘的干燥器中，使用前再用试油冲洗两次以上即可。电极表面若有烧伤痕迹，不能再使用。使用前要检查电极间的距离，保证为2.5mm的间距。油杯上要加玻璃盖或玻璃罩，试验应在15~25℃，湿度不高于75%的条件下进行。

（二）绝缘油介质损耗因数 tanδ 值的测量

DY-6000 绝缘油介质损耗及电阻率测试仪内部集成了介损油杯、温控仪、温度传感器、介损测试电桥、交流试验电源、标准电容器、高阻计、直流高压源等主要部件，用于绝缘油等液体绝缘介质的介质损耗因数和直流电阻率的测量。

油杯采用三极式结构，完全符合 GB/T 5654—2007 标准，它包括外电极（高压电极）、内电极（测量电极）和屏蔽电极三部分。极间间距 2mm，可消除杂散电容及泄漏对介损测试结果的影响；空杯电容量（60±2）pF；最大测试电压为工频 2000V；空杯介损 $tan\delta < 1 \times 10^{-4}$；液体容量约 40ml；电极材料为不锈钢；油杯结构如图 6-16 所示。

由于绝缘油对极微小的污染都极为敏感，所以在测量绝缘油 tanδ 值之前，应对油杯进行清洗，这一步骤非常重要，必须严格按照要求进行。清洗方法有多种，在相关章节有详细介绍，实验室可按照下述方法进行。

① 完全拆卸油杯电极；

② 用中性擦皂或洗涤剂清洗，不应损伤电极表面；

③ 用清水将电极清洗几次；

④ 用无水酒精浸泡各零件；

⑤ 电极清洗后，要用丝绸类织物将电极各部件的表面擦拭干净，并注意将零件放置在清洁的容器内，不要使其表面受灰尘及潮气的污染；

⑥ 将各零部件放入 100℃ 左右的烘箱内，将其烘干。

有时油样很多，在测试中往往会挨个对油样进行测试。此时电极的清洗可简化。具体做法如下：

① 将仪器关闭，将整个油杯都从加热器中拿出，同时将内电极从油杯中取出；

② 将油杯中的油倒入废油容器内，用新油样冲洗油杯几次；

③ 装入新油样；

④ 用新油样冲洗油杯内电极几次，然后将内电极装入油杯。

这种以油洗油的方式可大大提高测量速度，但如遇到特别脏的油样或长时间不用时，清洗步骤不能简化。

接着进行测试条件参数的设置，包括温度（0~125℃）、交流电压（500~2200V）、直流电压（0~500V），进行仪器校验。测试之前还需要进行空杯校准，进入空杯校准之前，要确定被测试油杯是无油样空油杯，并且连接好测试电缆和温度探头电缆。由于温度对充满空气的电极杯的电容量和介质损耗因数无明显影响，所以可以在常温下测试，也可以将温度升至预设温度值，升温结束后可进入升压状态，电压上升到预设电压值即可保存校准结果。试验电压由油杯的电极间隙大小，按 1kV/mm 确定，DY-6000 绝缘油介质损耗及电阻率测试仪的介损油杯应加 2kV 的试验电压。

进入自动测量之前，先将内电极从外电极中取出，用量筒取 40ml 被测油样倒入油杯的外电极，再将内电极的定位槽与外电极的定位柱对准放入外电极，并且连接好测试电缆和温度探头电缆，然后按要求自动测量绝缘油的 tanδ 值。进行两次平行试验，如果两次测量结果的差值超过规定值（规定此差值不得超过其算术平均值的 10％＋0.0002），则需进行第三次测量。如果第三次测量结果与前两次中任一次的差值能符合要求，则此次测量已合标准，否则必须重新清洗油杯，并按规定重新测量。

取符合要求的两次测量结果的算术平均值作为被试绝缘油的 tanδ 值。常温下测得的 tanδ 值不大于表 6-2 的规定时，绝缘油的 tanδ 值测量即告结束。否则还需要进行油温为 70℃时的 tanδ 值测量。这是因为，判断油质的好坏主要是以高温下测得的 tanδ 值为准，而在低温时，有时好油与坏油的 tanδ 值差别不大；并且，好油的 tanδ 值随温度升高增长较慢，而坏油的 tanδ 值则随温度升高增长很快。因此在高温下二者的 tanδ 值差别大更有利于区分油质的好坏。

表 6-2　绝缘油的电气性能试验标准

项　目	标　准	
	新油及再生油	运行中的油
电气强度试验	①用于 15kV 及以下的电气设备，不低于 25kV； ②用于 20～35kV 的电气设备，不低于 35kV； ③用于 44～220kV 的电气设备，不低于 40kV	①用于 15kV 及以下的电气设备，不低于 20kV； ②用于 20～35kV 的电气设备，不低于 30kV； ③用于 44～220kV 的电气设备，不低于 35kV
介质损耗因数 tanδ 的测量	①注入设备前的油，90℃时不大于 0.5％； ②注入设备后的油，70℃时不大于 0.5％	70℃时不大于 2％

当需要测量油温为 70℃的 tanδ 值时，应将油杯注油后放入恒温箱或油浴加热器内加温，待被试油达到所需的温度后恒定 5min，再进行测量。被试油的温度与规定值偏差不得超过±2℃。

 做一做

① 绘制绝缘油电气强度试验的试验接线。

② 写出用 DY-6000 绝缘油介质损耗及电阻率测试仪进行绝缘油介质损耗因数测量的试验步骤。

三、评价与反馈

 评一评

（一）自我评价

1. 判断

① 绝缘油耐压试验应在室温 15～35℃，湿度不高于 75％的条件下进行。（　　）

② 升压速度不影响测量结果。（　　）

③ 绝缘油中杂质含量越多，油的电气性能越差。（　　）
④ 装入油样后可直接进行试验。（　　）

2. 简答

① 如何进行绝缘油的耐压强度？
② 如何进行空杯校准？
③ 油杯清洗方法有几种，分别适用于什么情况？
④ 使用 DY-6000 绝缘油介质损耗及电阻率测试仪时需要注意什么？
⑤ 绝缘油的电气性能试验标准是什么？

3. 综合评价

① 能否正确使用 DY-6000 绝缘油介质损耗及电阻率测试仪？ 能□　　不能□
② 能否正确进行油杯清洗？ 能□　　不能□
③ 能否正确进行测量结果分析？ 能□　　不能□
④ 对本任务的学习是否满意？ 满意□　　基本满意□　　不满意□

（二）小组评价

① 学习页的填写情况如何？
评价情况：_____。
② 学习、工作环境是否整洁，完成工作任务后，是否对环境进行了整理、清扫？
评价情况：_____。
参评人员签字：_____

（三）教师评价

教师总体评价：

教师签字_____

_____年____月____日

78

工 作 页

工作任务	绝缘油试验		
专业班级		学生姓名	
工作小组		工作时间	

一、工作目标

① 掌握测量绝缘油电气强度的方法。

② 掌握用 DY-6000 绝缘油介质损耗及电阻率测试仪测量绝缘油介质损耗因数的方法和标准。

③ 学会根据实验结果判断绝缘油的性能。

二、工作任务

① 测量绝缘油的工频耐受电压值。

② 学会 DY-6000 绝缘油介质损耗及电阻率测试仪的使用方法。

③ 用 DY-6000 绝缘油介质损耗及电阻率测试仪测量绝缘油的介质损耗因数和直流电阻率。

④ 根据试验结果判断绝缘油的性能。

三、工作任务标准

① 熟练掌握绝缘油试验设备的使用方法及试验步骤。

② 熟悉充油电力设备的绝缘结构。

③ 学会根据《电力设备预防性试验规程》《电气用油绝缘强度测定法》《电力系统油质试验方法》《绝缘油电气强度测定方法》中的标准判断绝缘油的性能。

四、工作内容与步骤

（一）绝缘油的电气强度试验

试验设备接线──油杯的清洁与干燥──被试油的注入──升压试验──试验结果的分析判断──完成工作任务后，提交工作页──反馈评价，总结反思。

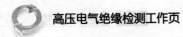

1. 试验设备接线
根据绝缘油电气强度试验原理接线图绘制试验接线图，正确进行试验接线。

2. 油杯的清洁与干燥
油杯清洗方法：

3. 被试油的注入
被试油注入方法：

4. 升压试验
试验时，从零开始升压，速度约为 3kV/s，直至油隙击穿，记录击穿电压值。这样重复操作 5 次，取平均值为测定值。为了减少油击穿后产生碳粒，应将击穿时的电流限制在 5mA 左右。在每次击穿后应对电极间的油进行充分搅拌，并静置 5min 后再试验。重复试验 5 次，取平均值。

第 1 次：_____

第 2 次：＿＿＿＿＿＿＿＿

第 3 次：＿＿＿＿＿＿＿＿

第 4 次：＿＿＿＿＿＿＿＿

第 5 次：＿＿＿＿＿＿＿＿

平均值：＿＿＿＿＿＿＿＿

5. 试验结果的分析判断

中国规定不同电压等级电气设备中所用绝缘油的电气强度应符合表 6-3 的要求。

表 6-3　绝缘油的电气强度要求

额定电压等级/kV	用标准油杯测得的工频击穿电压有效值/kV		额定电压等级/kV	用标准油杯测得的工频击穿电压有效值/kV	
	新油,不低于	运行中的油,不低于		新油,不低于	运行中的油,不低于
15 及以下	25	20	330	50	45
20～35	35	30	500	60	
63～220	40	35			50

根据试验结果判断的被试油绝缘状况：＿＿＿＿＿＿＿＿＿＿＿＿＿＿＿＿＿＿＿＿＿＿＿＿

（二）绝缘油的介质损耗因数

油杯的清洁与干燥，并将测试电缆连接好──→设置测试条件──→空杯校准──→被试油的注入──→自动测量──→试验结果的分析判断──→完成工作任务后，提交工作页──→反馈评价，总结反思。

1. 油杯的清洁与干燥

油杯清洗方法：

2. 设置测试条件

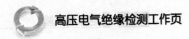

3. 空杯校准

空杯校准方法：

4. 被试油的注入

被试油注入方法：

5. 自动测量

取符合要求的两次测量结果的算术平均值作为被试绝缘油的介质损耗因数。

第 1 次：＿＿＿＿＿＿

第 2 次：＿＿＿＿＿＿

平均值：＿＿＿＿＿＿

6. 试验结果的分析判断（表 6-4）

表 6-4 绝缘油的电气性能试验标准

项　目	标　准	
	新油及再生油	运行中的油
介质损耗因数 tanδ 的测量	①注入设备前的油,90℃时不大于 0.5%；②注入设备后的油,70℃时不大于 0.5%	70℃时不大于 2%

根据试验结果判断的被试油绝缘状况：＿＿＿＿＿＿＿＿＿＿＿＿＿＿＿＿＿＿＿＿

评 价 表

任务名称			绝缘油试验				
工作组			组长		班级		
组员					日期		月 日 节
序号		评价内容			学生自评	学生互评	教师评价
知识	①	绝缘油的击穿过程					
	②	影响绝缘油电气性能的因素					
能力	①	DY-6000 绝缘油介质损耗及电阻率测试仪的使用					
	②	绝缘油试验结果的分析判断					
职业行为	①	着装整齐,正确佩戴工具					
	②	工具和仪表摆放整齐					
	③	与他人进行良好的沟通和合作					
	④	安全意识、5S 意识					
综合评价							

收获感言

评价规则：
A. 完全掌握/做到/具备
B. 基本掌握/做到/具备
C. 没有掌握/做到/具备

变压器绝缘试验

> 学 习 页

任务描述

① 使用电池型高压绝缘电阻测试仪测量变压器的绝缘电阻和吸收比。

② 使用 AI-6000 自动抗干扰精密介质损耗测量仪测量变压器的介质损耗角正切值。

③ 使用直流高压发生器测量变压器的泄漏电流。

④ 使用 YD 油浸式耐压试验装置对变压器进行工频交流耐压试验和感应耐压试验。

⑤ 使用 DY-6000 绝缘油介质损耗及电阻率测试仪对变压器进行绝缘油试验。

一、学习准备

（一）对变压器绝缘的基本要求

在电气性能方面，为了使变压器绝缘能在额定工作电压下长期运行，并能耐受可能出现的各种过电压的作用，国家标准中规定了各种变压器的耐压试验项目和相应的试验电压值。

在机械性能方面，变压器的绝缘结构要能承受因短路电流而产生的巨大电动力的作用。变压器的短路电流可达额定电流的 20～30 倍，而电动力与电流的平方成正比，因此在短路的瞬间，变压器的绕组上所产生的电动力可达到正常运行情况下的几百倍。在这种情况下，如果变压器绕组包扎不紧、固定不牢，或绝缘材料老化枯脆等，变压器将会受到破坏而造成事故。

在运行过程中，铁芯及导线中的损耗会引起发热。在长期高温下，纸、纸板等固体绝缘材料会变脆，绝缘漆可能溶解而产生油泥，变压器油会发生氧化。总之，变压器绝缘的性能会由于过热而显著下降。因此，通常在变压器运行中限制油面的温升（即高出环境温度的数值）不得超过 55℃，绕组的温升不得超过 65℃。

变压器油在受潮或含有杂质后，将明显影响其绝缘性能，加上高温的作用，更促进了油的老化。所以对于变压器油，应特别注意防止侵入潮气和混入杂质。运行中变压器的油劣化后，应及时处理或更换。

（二）变压器绝缘的结构

变压器高压绕组的基本结构型式有饼式和圆筒式两种。图 7-1（a）所示为饼式绕组。这种绕组是以扁导线连续绕成若干个线饼，各线饼之间利用绝缘垫块的支撑形成径向油道，以便油流动将变压器运行中产生的热量带走，所以饼式绕组散热性能较好。此外，饼式绕组的端面大，便于轴向固定，因此机械强度较高，但饼式绕组在绕制时工艺要求较高。图 7-1

（b）所示为多层圆筒式绕组。这种绕组在绕制时，每一个线匝紧贴着前一个线匝成螺旋状沿绕组高度轴向排列而成，形状像一个圆筒。圆筒式绕组的制造工艺简单，不受容量的限制。但圆筒式绕组的端面小，机械强度较低；另外，层间长而窄的轴向油道不如饼式绕组里的径向油道易于散热。

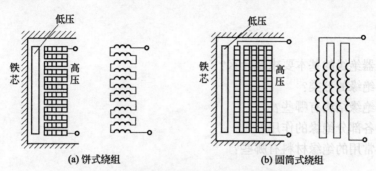

(a) 饼式绕组　　(b) 圆筒式绕组

图 7-1　变压器高压绕组的两种基本结构型式

1. 主绝缘

主绝缘是变压器的基本绝缘。变压器绕组间的绝缘、绕组与铁芯柱间的绝缘、绕组与铁轭间的绝缘以及引出线的绝缘等，都属于变压器的主绝缘。

（1）绕组间的绝缘　变压器的主绝缘主要是采用油—屏障绝缘。各种电压等级的高、低压绕组间以及绕组与铁芯柱间的绝缘结构如图 7-2 所示。电压等级越高，所用的纸筒数目越多，油隙分得越细，其电气强度越高。目前，在高压变压器的主绝缘中，越来越多地采用薄纸筒小油道结构，不过同时应综合考虑变压器的散热问题。

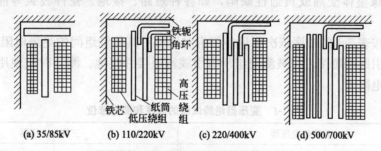

(a) 35/85kV　　(b) 110/220kV　　(c) 220/400kV　　(d) 500/700kV

图 7-2　变压器主绝缘结构示意图

（2）绕组与铁轭间的绝缘　变压器绕组端部与铁轭之间常常是主绝缘的薄弱环节，这是因为绕组端部的电场强度很高，容易发生沿固体介质表面的电晕放电和滑闪放电，表面滑闪和烧焦的发展可能导致绕组端部与铁轭间的绝缘击穿。所以，一方面必须采取措施来改善电场分布（降低端部的电场强度），另一方面则要加强端部处的绝缘。为此，在端部加装绝缘纸筒制成的角环，并增大端部与铁轭间的绝缘距离。

（3）绕组引线的绝缘　绕组到分接开关或套管等的引线大多采用直径较大的圆导线，包以一定厚度的绝缘层，并与油箱及其他不同电位处保持足够的绝缘距离，以保证其耐电强度。例如 110kV 绕组引线，最小直径为 10mm，包缠的绝缘层厚度为 10mm，与平板电极的距离为 70mm，与尖角电极的距离则要求为 150mm。

2. 纵绝缘

变压器的纵绝缘就是同一绕组线匝间的绝缘。通常以导线本身的绝缘来作为匝间绝缘，在油浸式变压器中多采用绝缘漆、棉纱和纸作为导线的绝缘。

用扁导线绕成的饼式绕组，各线饼间是用垫块隔成的径向油道作为绝缘间隙。垫块穿在直撑条上，绕组则直接绕在直撑条上。这样，垫块之间的空隙形成径向油道，而直撑条之间的空隙则形成轴向油道。

① 对变压器绝缘的基本要求是什么？
② 变压器绝缘的分类？
③ 变压器绝缘结构有哪些？
④ 变压器各部分绝缘的作用？
⑤ 变压器常用的绝缘材料有哪些？

二、计划与实施

变压器的绝缘试验项目包括：测量绝缘电阻和吸收比；测量泄漏电流；测量介质损耗角正切值；绝缘油试验；工频交流耐压试验；感应耐压试验。

（一）测量绝缘电阻和吸收比

测量绕组的绝缘电阻和吸收比，是检查变压器绝缘状况简便而通用的方法，具有较高的灵敏度，对绝缘整体受潮或贯通性缺陷，如各种短路、接地、瓷件破裂等能有效地反映出来。

测量时，按表 7-1 的顺序依次测量各绕组对地和对其他绕组间的绝缘电阻和吸收比值。被测绕组所有引线端短接，非被测绕组所有引线端短接并接地。测量时应使用 2500V 及以上量程的绝缘电阻表。

表 7-1 变压器绝缘试验的顺序和测量部位

序号	双绕组变压器		三绕组变压器	
	被测绕组	接地部位	被测绕组	接地部位
1	低压	高压和外壳	低压	高压、中压和外壳
2	高压	低压和外壳	中压	高压、低压和外壳
3	—	—	高压	中压、低压和外壳
4	高压和低压	外壳	高压和中压	低压和外壳
5	—	—	高压、中压和低压	外壳

注：表中 4、5 两项，只对 16000kV·A 及以上的变压器进行测量。

非被测绕组短路接地，可以测量出被测绕组对地和对非被测绕组间的绝缘状况，同时能避免非被测绕组中剩余电荷对测量的影响。

对绝缘电阻测量结果的分析，采用比较法，主要依靠本变压器的历次试验结果相互进行比较。一般，交接试验值不应低于出厂试验值的 70%，大修后及运行中的试验值不应低于表 7-2 所列数值。

表7-2 油浸式变压器绝缘电阻的允许值 MΩ

温度/℃		10	20	30	40	50	60	70	80
高压绕组 电压等级/kV	3～10	450	300	200	130	90	60	40	25
	20～35	600	400	270	180	120	80	50	35
	60～220	1200	800	540	360	240	160	100	70

注：同一变压器，中压和低压绕组的绝缘电阻标准与高压绕组相同。

当测量温度不同时，应进行温度换算。由较高的温度向较低的温度换算时，需乘以表7-3中的系数；反之，由较低的温度向较高的温度换算时，需除以该系数。需要指出的是，在测量绝缘电阻时应取油上层的温度。

表7-3 油浸式变压器绝缘电阻的温度换算系数 K_R

温度差/℃	5	10	15	20	25	30	35	40	45	50	55	60
换算系数 K_R	1.2	1.5	1.8	2.3	2.8	3.4	4.1	5.1	6.2	7.5	9.2	11.2

例如，在预防性试验时，一台110kV变压器油上层的温度为38℃，测得其高压绕组的绝缘电阻值为1000MΩ，与表7-2的规定值比较，符合标准。假若要与该变压器安装后的交接试验结果（20℃，2700MΩ）进行比较，则应换算到同一温度下。其温度差为

$$t_2 - t_1 = 38 - 20 = 18℃ \tag{7-1}$$

查表7-3，用插入法计算其换算系数 K_R 为

$$K_R = 1.8 + \frac{2.3 - 1.8}{5} \times 3 = 2.1 \tag{7-2}$$

则换算到20℃时的绝缘电阻为 $1000 \times 2.1 = 2100$MΩ，即，为交接试验结果的77.8%。

吸收比一般在温度为10～30℃的情况下进行测量。60～330kV的变压器要求其吸收比不低于1.3；35kV及以下的变压器要求不低于1.2；对于10kV以下的配电变压器不作要求，根据经验，这种配电变压器的吸收比大多等于1。

根据运行经验，变压器受潮或有局部贯通性缺陷时吸收比小于1.3，整体或局部受潮严重时吸收比接近于1。但也有这样的情况，$R_{60} = R_{15} = 10000^+$MΩ，虽吸收比等于1，但实际表明其绝缘很好。

（二）测量泄漏电流

与测量绝缘电阻相同，测量泄漏电流也按表7-1的顺序和测量部位进行，试验电压的标准如表7-4所示。

表7-4 泄漏电流试验电压标准

绕组额定电压/kV	3	6～15	20～35	35以上
直流试验电压/kV	5	10	20	40

将电压升至试验电压后，读取1min时通过被试绕组的泄漏电流值。

对于试验结果，也主要是通过与历次试验数据进行比较来判断，要求与历次数据比较不应有显著变化。当其数值逐年增大时，应引起注意，这往往是绝缘逐渐劣化所致；若数值与历年比较突然增大时，则可能有严重缺陷，应查明原因。泄漏电流的参考标准如表7-5所示。

表 7-5 油浸式变压器泄漏电流的允许值 μA

额定电压 /kV	试验电压 /kV	温度/℃							
		10	20	30	40	50	60	70	80
20～35	20	33	50	74	111	167	250	400	570
35 以上	40	33	50	74	111	167	250	400	570

与绝缘电阻的测量一样，也取上层油温作为测试温度。

（三）测量介质损耗角正切值

介质损耗角正切值 $\tan\delta$ 的测量，是变压器交接、大修和预防性试验中的一个重要项目，它能比较灵敏地反映绝缘中的分布性缺陷（尤其是绝缘整体受潮、普遍劣化等）或严重的局部缺陷。

由于变压器的绝缘结构是由油、纸等多种绝缘材料组成，测量时引线又是经过套管接入绕组的，相当于多个串并联的等值电路，这样测出的 $\tan\delta$ 是一个总的值，这总的 $\tan\delta$ 小于其中最大的 $\tan\delta$ 而大于其中最小的 $\tan\delta$。因此，为了能对变压器的各部分绝缘状况进行正确的判断，应尽可能进行分解试验。

1. 测量接线

变压器的外壳都是接地的，故只能采用 AI-6000 自动抗干扰精密介质损耗测量仪反接线测量，测量部位仍按表 7-1 进行。

按表 7-1 测量双绕组变压器的介质损耗角正切值 $\tan\delta$ 和电容量 C 的接线，如图 7-3 所示，图中的 C_x 接测试仪 C_x 点，C_1 为低压绕组对地的电容；C_2 为高、低压绕组之间的电容；C_3 为高压绕组对地的电容。

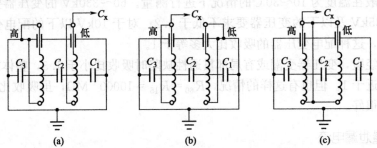

图 7-3 双绕组变压器测量 $\tan\delta$ 和 C 的接线

按图 7-3(a) 测量时，高压绕组引线端短接后接地，低压绕组引线端短接后接到测试仪的 C_x 点，可测得 C_L 和 $\tan\delta_L$；按图 7-3(b) 测量时，即低压绕组引线端短接后接地，高压绕组引线端短接后接到测试仪的 C_x 点，可测得 C_H 和 $\tan\delta_H$；按图 7-3(c) 测量时，即高、低压绕组引线端全部短接后接到测试仪的 C_x 点，可测得 C_{HL} 和 $\tan\delta_{HL}$。其下标分别表示：H 为高压；L 为低压；HL 为高压和低压。

测量时被测绕组两端短接，非被测绕组两端短路接地，以避免绕组电感给测量带来误差。

2. 测量数据的计算

按图 7-3(a) 接线时，测得的数值为

$$C_L = C_1 + C_2$$

$$\tan\delta_L = \frac{C_1\tan\delta_1 + C_2\tan\delta_2}{C_L} \tag{7-3}$$

按图 7-3(b) 接线时，测得的数值为

$$C_H = C_2 + C_3$$

$$\tan\delta_H = \frac{C_2\tan\delta_2 + C_3\tan\delta_3}{C_H} \tag{7-4}$$

按图 7-3(c) 接线时，测得的数值为

$$C_{HL} = C_1 + C_3$$

$$\tan\delta_{HL} = \frac{C_1\tan\delta_1 + C_3\tan\delta_3}{C_{HL}} \tag{7-5}$$

以上各式中的 C_L 和 $\tan\delta_L$、C_H 和 $\tan\delta_H$、C_{HL} 和 $\tan\delta_{HL}$ 分别表示低压绕组加压时、高压绕组加压时、高低压绕组加压时测得的电容值和介质损耗角正切值，C_1 和 $\tan\delta_1$、C_2 和 $\tan\delta_2$、C_3 和 $\tan\delta_3$ 分别表示变压器各部分绝缘的电容值和介质损耗角正切值。

将以上各式联立求解，即得

$$C_1 = \frac{C_L - C_H + C_{HL}}{2}$$

$$C_2 = C_L - C_1$$
$$C_3 = C_H - C_2$$

$$\tan\delta_1 = \frac{C_L\tan\delta_L - C_H\tan\delta_H + C_{HL}\tan\delta_{HL}}{2C_1}$$

$$\tan\delta_2 = \frac{C_L\tan\delta_L - C_1\tan\delta_1}{C_2}$$

$$\tan\delta_3 = \frac{C_H\tan\delta_H - C_2\tan\delta_2}{C_3} \tag{7-6}$$

由上述分析可见，只要按照表 7-1 的顺序进行测量，然后根公式进行计算，即可找出绝缘低劣的部位。至于三绕组变压器的计算式可用相同的方法推导出来，在此不作介绍。

3. 测量结果的分析判断

在变压器的交接试验中，测得线圈连同套管一起的 $\tan\delta$ 值不应大于出厂试验值的 130%，或不大于表 7-6 所列的数值。变压器在大修后以及运行中的 $\tan\delta$ 值仍以表 7-6 为标准，并且运行中测得的 $\tan\delta$ 值与历年测量数值比较不应有显著变化。

表 7-6 油浸式变压器绕组连同套管一起的 $\tan\delta$ 允许值　　　　　　　%

高压绕组电压等级	温度/℃						
	10	20	30	40	50	60	70
35kV 及以下	1.5	2.0	3.0	4.0	6.0	8.0	11.0
35kV 以上	1.0	1.5	2.0	3.0	4.0	6.0	8.0

注：同一变压器中压和低压绕组的 $\tan\delta$ 标准与高压绕组相同。

由于变压器绝缘的 $\tan\delta$ 值同样与温度有关，故需记录试验时的上层油温。

(四) 变压器油试验

在变压器中油是绝缘的主要部分，变压器油的质量直接影响到整个变压器的绝缘性能。

高压电气绝缘检测工作页

变压器油在运行过程中，油色会逐渐加深，由微黄变成棕褐色，透明度逐渐降低，黏度增大，并有黑褐色固态或半固态物质（油泥）产生。油泥附着在绕组上，堵塞油道、妨碍散热。水分和脏污将使油的绝缘电阻下降，tanδ 值上升，耐电强度下降。因此，运行中变压器应定期进行油试验，以确保安全运行。变压器油试验的具体做法详见前述有关章节。在取油样和分析试验的过程中如发现有水珠，必须查明原因，并采取有效措施（如干燥、烘烤等），实践证明，存在这种情况的变压器在运行中极易造成严重事故。

另外，变压器内部的绝缘油及有机绝缘材料在运行过程中，在热能和电能的作用下会逐渐劣化和分解，产生少量的烃类及二氧化碳、一氧化碳等气体，这些气体大部分溶解在油中。当存在潜伏性过热或放电故障时，随着故障的发展，这些气体在油中的溶解量将越来越多。气体的组成、含量与故障的类型、严重程度有密切的关系，因此，在变压器运行过程中，定期分析溶解于油中的气体，就能尽早发现其内部存在的潜伏性故障，并随时掌握故障的发展情况。

规程规定，对运行中容量为 800kV·A 及以上的变压器，每年至少进行一次气相色谱分析试验，在新安装及大修后，投运前应作一次分析试验，在投运后的一段时期内应做多次分析试验，以判断该变压器是否正常。当变压器出现异常情况时，应适当缩短分析试验周期。

（五）工频交流耐压试验

工频交流耐压试验对考验变压器主绝缘强度，检查主绝缘局部缺陷具有决定作用。它能有效地发现主绝缘受潮、开裂，或在运输过程中由于震动引起绕组松动、移位，造成引线距离不够，以及绕组绝缘物上附着污物等情况。

规程规定，绕组额定电压为 110kV 以下的变压器，应进行工频交流耐压试验；110kV 及以上的变压器，可根据试验条件自行规定；但 110kV 及以上更换绕组的变压器，应进行工频交流耐压试验。

变压器的工频交流耐压试验电压标准如表 7-7 所示。

表 7-7　高压电气设备绝缘的工频交流耐压试验电压标准　　　　　　　　　　　kV

额定电压	最高工作电压	1min 工频耐压试验电压(有效值)																		
		油浸电力变压器		并联电抗器		电压互感器		断路器、电流互感器		干式电抗器		穿墙套管				支柱绝缘子、隔离开关		干式电力变压器	
												纯瓷和纯瓷充油绝缘		固体有机绝缘					
/kV	/kV	出厂	交接	出厂	交接	出厂	交接	出厂	交接	出厂	交接	出厂	交接	出厂	交接	出厂	交接	出厂	交接
3	3.5	18	15	18	15	18	16	18	16	18	18	18	18	18	16	25	25	10	8.5
6	6.9	25	21	25	21	23	21	23	21	23	23	23	23	23	21	32	32	20	17.0
10	11.5	35	30	35	30	30	27	30	27	30	30	30	30	30	27	42	42	28	24
15	17.5	45	38	45	38	40	36	40	36	40	40	40	40	40	36	57	57	38	32
20	23.0	55	47	55	47	50	45	50	45	50	50	50	50	50	45	68	68	50	43
35	40.5	85	72	85	72	80	72	80	72	80	80	80	80	80	72	100	100	70	60
63	69.0	140	120	140	120	140	126	140	126	140	140	140	140	140	126	105	165		
110	126.0	200	170	200	170	200	180	185	180	185	185	185	185	185	180	265	265		
220	252.0	395	335	395	335	395	356	395	356	395	395	360	360	360	356	450	450		
330	363.0	510	433	510	433	510	459	510	469	510	510	460	490	460	499				
500	550.0	680	578	680	578	680	612	680	612	680	680	630	630	630	612				

注：1. 除干式变压器外，其余电气设备的出厂试验电压是根据现行国家标准《高压输变电设备的绝缘配合》设定；

2. 干式变压器的出厂试验电压是根据现行国家标准《干式电力变压器》设定；

3. 额定电压为 1kV 及以下的油浸式电力变压器交接试验电压为 4kV，干式电力变压器为 2.6kV；

4. 油浸式电抗器和消弧线圈采用油浸式电力变压器的试验标准。

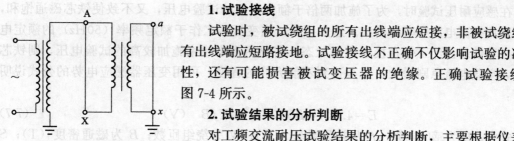

图 7-4　变压器工频交流耐压试验接线

1. 试验接线

试验时，被试绕组的所有出线端应短接，非被试绕组所有出线端应短路接地。试验接线不正确不仅影响试验的准确性，还有可能损害被试变压器的绝缘。正确试验接线如图 7-4 所示。

2. 试验结果的分析判断

对工频交流耐压试验结果的分析判断，主要根据仪表指示、放电声音、有无冒烟等异常情况进行。在工频交流耐压试验过程中，若仪表指示不跳动，被试变压器无放电声音，说明被试变压器能承受试验电压而无异常。此外，试验时允许在空气中有轻微放电，或在瓷件外表面有轻微的树枝状火花。

（1）由仪表的指示判断　如果电流指示突然上升，且有放电声音，与此同时保护球隙发生放电，说明被试变压器内部击穿。如果电流指示突然下降，也表明被试变压器击穿。

（2）由放电或击穿的声音判断　在工频交流耐压试验的过程中，如果被试变压器内部发出很像金属撞击油箱的声音时，一般是由于油隙距离不够，或电场畸变（如引线圆弧的半径太小等）导致油隙贯穿性击穿。当重复进行试验时，由于油隙抗电强度恢复，其放电电压不会明显下降。

试验时，若第二次出现的放电声比第一次的小，仪表指示摆动不大，再重复试验时放电又消失，这种现象是油中气泡放电所致。当气泡击穿时，声音轻微断续，电流指示不会有明显的变化。油中气泡所引起的击穿，无论是贯穿性的还是局部性的，在重复试验时均可能消失，这是由于在放电击穿后气泡逸出所致。因此，在进行耐压试验时要注意放气。注油后需静置 5～6h 才能进行耐压试验。

在加压过程中，变压器内部如有炒豆般的放电声，而电流表的指示又很稳定，这可能是带有悬浮电位的金属件对地放电。例如，变压器在制造或大修过程中，铁芯和接地的夹件未用金属片连接，当两者之间达到一定的电压时，便会产生这种现象。

若出现咝、咝的声音，或是沉闷的响声，电流表指示突增，当进行重复试验时，放电电压有明显的下降，这往往是发生了内部固体绝缘爬电，或绕组端部对铁轭爬电。

（六）感应耐压试验

工频交流耐压试验只考验了变压器主绝缘，即绕组与绕组之间、绕组对外壳和铁芯等接地部分的绝缘，而绕组的匝间、层间和段间的纵绝缘未能受到考验。此外，许多大中型变压器中性点是降低绝缘水平的，如 110kV、220kV 的变压器，其中性点分别为 35kV 和 110kV 的绝缘，称为中性点分级绝缘或称半绝缘的变压器。这种变压器绕组的首末两端对地绝缘强度不同，不能承受同一对地试验电压。所以对分级绝缘的变压器，不能采用一般的工频交流耐压试验。

感应耐压试验，就是在变压器低压侧施加比额定电压高一定倍数的电压，靠变压器自身的电磁感应在高压侧绕组上得到所需的试验电压，检验变压器的纵绝缘。对于分级绝缘的变压器，其主绝缘和纵绝缘均由感应耐压试验来考核。

在感应耐压试验时，为了施加两倍于额定电压的试验电压，又不致使铁芯磁通饱和，一般采用提高电源频率的办法。这是因为，当变压器工作于额定频率（50Hz）的额定电压时，其铁芯已经工作在接近饱和状态，若仍用额定频率施加较高的试验电压，则铁芯饱和，空载电流急剧增大，甚至达到不能允许的程度。可用变压器感应电势的公式说明如下：

$$E = 4.44fWBS \times 10^{-8} = KfB \quad (\text{V}) \tag{7-7}$$

　　式中，E 为感应电势；f 为电源频率（Hz）；W 为绕组匝数；B 为磁通密度（T）；S 为铁芯截面积（cm^2）；K 为比例常数，$K = 4.44WS \times 10^{-8}$。

　　可以看出，欲使磁通密度保持不变，当电压增加一倍时，频率就要相应地增加一倍。因此，感应耐压试验电源的频率要大于额定频率两倍以上，一般采用100、150、200Hz。但不宜高于400Hz，这是因为铁芯的损耗随频率上升而显著增大。

　　感应耐压试验持续的时间，在不超过100Hz时为1min；如果超过100Hz则按下式计算，但不得少于20s。

$$t = 60 \times \frac{100}{f} \quad (\text{s}) \tag{7-8}$$

1. 感应耐压试验的倍频电源

　　在运行单位一般没有配备变频电源，而是利用现场设备组合而成。

　　（1）利用两台异步电动机获得倍频电源

　　用一台三相异步笼式电动机，驱动一台三相转子为绕线式的异步电动机，如图 7-5 所示。

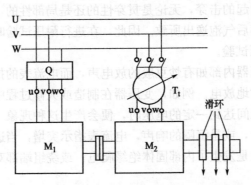

图 7-5　用两台异步电动机取得倍频电源的示意图

　　先启动笼式电动机 M_1 至额定转速，然后用与笼式电动机相序相反的三相电源，经调压器对绕线式异步电动机 M_2 的定子励磁，便在定子中产生与其转子旋转方向相反的旋转磁场。由于驱动绕线式电动机 M_2 转子的速度与旋转磁场的速度接近，但旋转方向相反，于是便在绕线式电动机 M_2 转子绕组中感应出两倍于系统频率的电压，其数值大小由调压器调整定子励磁电压而定。该电机输出的倍频电压，经升压后便可作 100Hz 的两倍工频电源，进行变压器的感应耐压试验。

　　（2）利用星形—开口三角形接线的变压器获得三倍频电源

　　如图 7-6 所示，这是现场进行感应耐压试验较容易实现的一种方法。

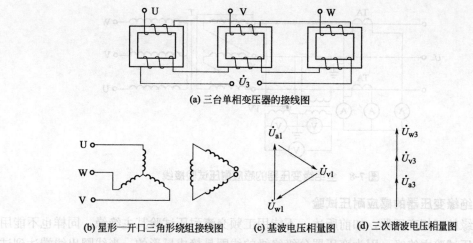

(a) 三台单相变压器的接线图

(b) 星形—开口三角形绕组接线图　(c) 基波电压相量图　(d) 三次谐波电压相量图

图 7-6　星形—开口三角形变压器组的连接及相量图

将三台单相或一台三相变压器，原边接成星形，次边接成开口三角形，原边通电源后，便可在开口三角形侧获得三倍频电压 $\dot{U}_3$。如图 7-6 所示，在变压器的星形侧加上对称的三相 50Hz 正弦波电源，并升高电压让铁芯磁路适度饱和，使铁芯中磁通所含三次谐波的成分增多，相应在铁芯线圈上感应的三次谐波电压也增高。这样，在接成开口三角形的次边线圈中，就产生有基波电压和三次谐波电压。由于三相基波电压的相量互差 $120°$，故在开口三角形中串接起来其相量和为零，如图 7-6(c) 所示。而三次谐波是同相的，故得到三相三次谐波电压的相量和为 $\dot{U}_3=\dot{U}_{u3}+\dot{U}_{v3}+\dot{U}_{w3}$，如图 7-6(d) 所示。于是在开口三角形侧便可得到三倍频率的电源。

（3）晶闸管变频调压逆变电源

晶闸管变频调压逆变电源装置，是将 380V 三相交流电压经三相晶闸管半控桥式整流，成为可调的直流电压，再由逆变器转换成所需频率的三相交流电。其原理框图如图 7-7 所示。

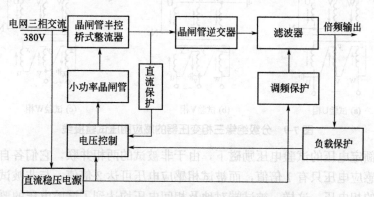

图 7-7　晶闸管变频调压逆变电源装置原理框图

2. 全绝缘变压器的感应耐压试验

对于全绝缘的变压器，可按图 7-8 接线，施加两倍及以上频率的两倍额定电压进行试验。图中：TA 为电流互感器；TV 为电压互感器；T 为被试变压器。

93

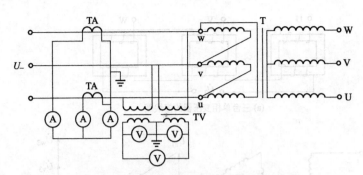

图 7-8　全绝缘变压器的感应耐压试验接线

3. 分级绝缘变压器的感应耐压试验

分级绝缘的三相变压器，如前所述，不能用工频交流耐压试验其主绝缘，同样也不能用三相感应耐压试验主绝缘。因为变压器分级绝缘的线圈是接成星形的，当线圈出线端达到试验电压 U_s 时，其相对地的电压为 $U_s/\sqrt{3}$。根据变压器绝缘水平和试验标准的要求，分级绝缘的变压器其相间及相对地的绝缘水平相同。例如，110kV 的变压器，对地及相间试验电压 200kV；220kV 的变压器，对地及相间试验电压为 400kV，所以三相感应耐压试验时两者不可能同时达到试验电压的要求。因此，分级绝缘的变压器只能采用单相感应耐压试验，轮换三次，才能完成一台变压器的感应耐压试验。为此，要分析被试变压器的结构，比较不同的接线方式，计算出线端对地及相间的试验电压，选用满足试验电压的接线，一般要借助非被试相绕组的支撑把中性点的电位抬高。

图 7-9 所示为分级绝缘三相变压器感应耐压试验接线，图中，G 为保护球隙，R 为限流电阻。非被试两相首端并联接地，并与被试相串联，以提高施加到被试相的电压，使相对地电压和相间电压均达到试验电压的要求。

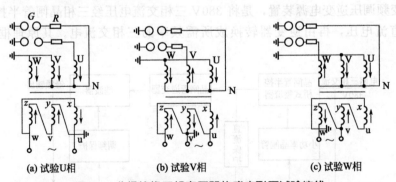

(a) 试验U相　　　　　(b) 试验V相　　　　　(c) 试验W相

图 7-9　分级绝缘三相变压器的感应耐压试验接线

在两倍于额定电压的试验电压励磁下，由于非被试的两相并联，它们各自只有被试相一半的磁通，故感应电压只有 1 倍值，而被试相感应电压可达 2 倍值，与非被试相串联而使线端对地为 3 倍的相电压。这样，被试端对地及相间电压均达到了试验电压的要求，而非被试两相仅为 1/3 的试验电压（即中性点电位）。当中性点电位达不到中性点的试验电压要求时，在感应耐压试验前，应先进行中性点的工频交流耐压试验。

4. 试验结果的分析判断

① 注意倾听有无放电、击穿的声音。在试验过程中，如果发现被试变压器内部有个别

的局部放电,但并未引起电流表、电压表明显地摆动及保护球隙放电,而且在重复试验中未再发生放电,则应认为试验合格。如果在重复试验中仍有放电声,应采取措施(例如加热、滤油、干燥等)后进行复试,如果在复试中仍有放电现象,则必须检查器身,在消除放电原因后,再行试验。

② 注意观察电流表、电压表的变化。将三相数值相互比较,与同型试品相比较,不应有明显差别。感应耐压试验前后都要进行空载试验,将两次试验结果进行比较,不应有明显差别,否则说明绝缘存在问题。

 做一做

① 熟练操作试验所用各种设备仪器。
② 熟悉变压器各部分绝缘结构。
③ 绘制变压器绝缘试验各试验项目的试验接线图。

三、评价与反馈

 评一评

(一)自我评价

1. 判断
① 吸收比一般在温度为 $10\sim30℃$ 的情况下进行测量。(   )
② 工频交流耐压试验不仅能够考验变压器的主绝缘,还能检测其纵绝缘。(   )

2. 简答
① 根据变压器的绝缘要求和绝缘结构分析变压器绝缘试验需要进行哪些试验项目?
② 各种变压器绝缘试验项目有什么不同?
③ 变压器绝缘试验需要用到哪些试验仪器?
④ 变压器绝缘试验的顺序和测量部位是什么?
⑤ 变压器绝缘试验各试验项目可以发现哪些绝缘缺陷?
⑥ 工频交流耐压试验和感应耐压试验有什么区别?

3. 综合评价
① 能否正确进行变压器的各项绝缘试验? 能□   不能□
② 能否根据测量结果正确分析判断变压器的绝缘状况? 能□   不能□
③ 对本任务的学习是否满意? 满意□   基本满意□   不满意□

(二)小组评价

① 学习页的填写情况如何?
评价情况:_____。
② 学习、工作环境是否整洁,完成工作任务后,是否对环境进行了整理、清扫?

评价情况：_____。

参评人员签字：_____。

（三）教师评价

教师总体评价：

教师签字_____

_____年_____月_____日

工 作 页

工作任务		变压器绝缘试验		
专业班级		学生姓名		
工作小组		工作时间		

一、工作目标

① 了解变压器的绝缘结构。
② 掌握各种试验仪器的使用方法。
③ 掌握变压器绝缘试验各项目的试验方法。
④ 掌握根据实验结果判断被试变压器绝缘状况的方法。

二、工作任务

使用相关试验仪器进行变压器绝缘试验项目，并通过试验结果综合判断被试变压器的绝缘状况。

三、工作任务标准

① 熟悉变压器的绝缘结构。
② 熟练掌握各试验仪器的使用方法。
③ 学会根据《电力设备预防性试验规程》中的标准判断变压器的绝缘状况。

四、工作内容与步骤

根据相关章节内容完成变压器绝缘试验各试验项目──→根据测量结果分析判断变压器绝缘状况──→提交工作页──→反馈评价，总结反思。
各试验项目结果记录：

根据试验结果和相关试验标准分析判断变压器绝缘状况：

评 价 表

任务名称		变压器绝缘试验				
工作组		组长		班级		
组员			日期		月 日 节	
序号		评价内容		学生自评	学生互评	教师评价
知识	①	变压器绝缘结构				
	②	变压器绝缘试验项目				
能力	①	各种变压器绝缘试验项目试验仪器的使用				
	②	根据试验结果对被试变压器的绝缘状况的分析判断				
职业行为	①	着装整齐,正确佩戴工具				
	②	工具和仪表摆放整齐				
	③	与他人进行良好的沟通和合作				
	④	安全意识、5S 意识				
综合评价						

收获感言

评价规则:
A. 完全掌握/做到/具备
B. 基本掌握/做到/具备
C. 没有掌握/做到/具备

任务八 互感器绝缘试验

任务描述

① 使用电池型高压绝缘电阻测试仪测量互感器的绝缘电阻和吸收比。

② 使用 AI-6000 自动抗干扰精密介质损耗测量仪测量互感器的介质损耗角正切值。

③ 使用 YD 油浸式耐压试验装置对互感器进行工频交流耐压试验。

一、学习准备

(一) 电流互感器的绝缘结构

电流互感器的一次绕组串接在高压回路中，处于高电位；二次绕组与测量仪表等相连，处于低电位，所以在其一、二次绕组之间存在很高的电位差。此外，与变电所内的其他电气设备一样，电流互感器绝缘上也将受到各种过电压的作用。

额定电压不很高（10～20kV）的电流互感器，通常采用浇注式的绝缘结构，其一、二次绕组的绝缘一般是用环氧树脂浇注。浇注式的绝缘具有绝缘性能好、机械强度高、防潮、防盐雾等特点。

额定电压在 35kV 及以上的电流互感器，大多采用全密封油浸式绝缘结构。这种绝缘结构的电流互感器有"8"字形和"U"字形两种。"8"字形结构的电流互感器如图 8-1 所示，主要用于 35～110kV 电压等级。"8"字形结构的绝缘层中电场分布很不均匀，再加上沿环形包缠纸带，不容易包得均匀、密实，因而这种结构容易出现绝缘弱点。"U"字形结构的电流互感器用于 110kV 及以上电压等级，一次绕组做成"U"字形，主绝缘全部包在一次绕组上，为多层电缆纸绝缘，层间放置同心圆筒形的铝箔电容屏，内屏与线心连接，最外层的屏接地，构成一个同心圆筒形的电容器串。在"U"字形一次绕组外屏的下部两侧，分别套装两个环形铁芯，铁芯上绕着二次绕组。再将其浸入充满变压器油的瓷套中。这种绝缘结构称为电缆电容型绝缘，如图 8-2 所示。保持电容屏各层的电容量相等，可以使主绝缘各层的电场分布均匀，绝缘得到了充分利用，减小了绝缘的厚度。

(二) 电压互感器的绝缘结构

电压互感器的结构、原理和接线都与变压器相同，区别在于电压互感器的容量很小，通常只有几十到几百伏安。电压互感器实质上就是一台小容量的空载降压变压器。

电压互感器的绝缘方式较多，有干式、浇注式、油浸式和充气式等。干式（浸绝缘胶）

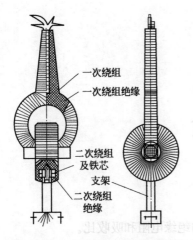

图 8-1 "8" 字形电流互感器结构

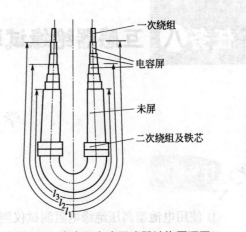

图 8-2 电容型电流互感器结构原理图

绝缘的绝缘强度较低，只适用于 6kV 以下的户内配电装置；浇注式绝缘紧凑，适用于 3～35kV 户内配电装置；油浸式绝缘的性能好，可用于 10kV 以上的户内外配电装置；充气式绝缘用于 SF₆ 全封闭组合电器中；此外还有电容式电压互感器。目前使用较多的是油浸式和电容式结构的电压互感器。

油浸式电压互感器按其结构又可分为普通式和串级式。3～35kV 的都采用普通式；110kV 及以上的普遍采用串级式。普通油浸式电压互感器，是将铁芯和绕组皆浸于充满变压器油的油箱内。串级式电压互感器，如图 8-3 所示。其一次绕组分成匝数相等的两部分，分别绕在一个口字形铁芯的上、下柱上，两者相串联，接点与铁芯连接，铁芯与底座绝缘，置于瓷箱内，该瓷箱既起高压出线套管的作用，又代替油箱。每柱绕组为一个绝缘分级，正常运行时每柱绕组对铁芯的电位差只有互感器工作电压的一半，铁芯对地的电位差也是工作电压的一半；而普通结构的互感器，则必须按全电压设计绝缘。二次绕组则绕在下铁芯柱上，并置于一次绕组的外面。为了加强绕在上铁芯柱上的一次绕组和绕在下铁芯柱上的二次绕组间的磁耦合，减小电压互感器的误差，增设了平衡绕组，它分别绕在上下铁芯柱上，并反向相连。采用串级式结构，绕组和铁芯是分级绝缘，简化了绝缘结构，节省了绝缘材料，并减轻了重量，降低了造价。

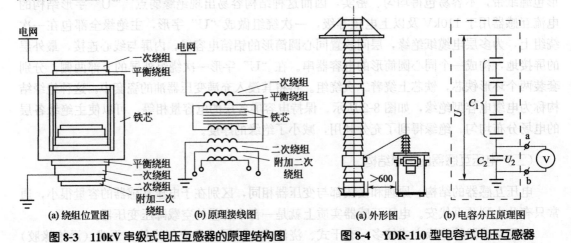

图 8-3 110kV 串级式电压互感器的原理结构图   图 8-4 YDR-110 型电容式电压互感器

电容式电压互感器实质上是一个电容分压器，其外形如图 8-4(a) 所示。它由若干个相同的电容器串联组成，接在高压导线与地之间，其原理接线如图 8-4(b) 所示。

YDR-110 型电容式电压互感器主要由电容分压器、电磁装置、阻尼器等组成，采用单柱式叠装结构，上部为电容分压器，下部为电磁装置和安装支架，阻尼器为单独的单元。电容分压器主要由瓷套和置于瓷套中的电容器串（包括主电容器 C_1 和分压电容器 C_2）构成。瓷套内充满电容器油，构成其主绝缘。

① 电气设备预防性试验对电气设备试验人员有哪些基本要求？
② 互感器和变压器有什么不同？
③ 根据互感器的绝缘结构分析互感器绝缘试验包括哪些项目？

二、计划与实施

互感器绝缘试验项目主要包括：绝缘电阻测量、介质损耗角正切值测量和工频交流耐压试验。

1. 绝缘电阻测量

互感器的绝缘电阻测量应在交接、大修后，以及每年的绝缘预防性试验中进行。

测量互感器的绝缘电阻，一次线圈应用 2500V 绝缘电阻表，二次线圈用 1000V 或 2500V 绝缘电阻表。测量时，需使互感器的所有非被试线圈短路接地。并应考虑空气温度、湿度、套管表面脏污对绝缘电阻的影响，必要时应采取措施消除表面泄漏电流的影响。

互感器绝缘电阻的标准，规程除对 220kV（交接为 110kV）及以上者要求不小于 1000MΩ 外，其余未作规定。可将测得的绝缘电阻值与历次测量结果比较、与同类型互感器比较，再根据其他试验项目所得结果进行综合分析判断。

2. 介质损耗角正切值测量

介质损耗角正切值测量应在交接、大修后，以及每年的绝缘预防性试验中进行。它对单装油浸式互感器绝缘的监视较为灵敏。

对于电流互感器，所测得的 tanδ 值在 20℃时应不大于表 8-1 中的数值；并且与历年数据比较，不应有明显变化。

表 8-1　电流互感器 20℃时的 tanδ 值（%）标准

电压/kV		20～35	63～220
充油的电流互感器	交接及大修后	3	2
	运行中	6	3
充胶的电流互感器	交接及大修后	2	2
	运行中	4	3
胶纸电容式的电流互感器	交接及大修后	2.5	2
	运行中	6	3
油纸电容式的电流互感器	交接及大修后	—	1
	运行中		1.5

注：对于 220kV 级的电流互感器，测量 tanδ 值的同时应测量主绝缘的电容值，其值一般不应超过交接试验值的 ±10%。

对于电压互感器，所测得的 tanδ 值应不大于表 8-2 中的数值。

表 8-2　电压互感器的 tanδ 值（%）标准

温度/℃		5	10	20	30	40
25～35kV	交接及大修后	2.0	2.5	3.5	5.5	8.0
	运行中	2.5	3.5	5.0	7.5	10.5
35kV 以上	交接及大修后	1.5	2.0	2.5	4.0	6.0
	运行中	2.0	2.5	3.5	5.0	8.0

互感器 tanδ 值测量的具体方法可参阅相关章节的介绍。

3. 工频交流耐压试验

线圈连同套管一起对外壳的工频交流耐压试验，是互感器绝缘试验的又一重要项目，一般要求在互感器大修后和必要时进行。对于 10kV 及以下的互感器则还要求每三年结合预防性试验进行一次。

串级式半绝缘的电压互感器，由于与半绝缘变压器相同的原因，也不能进行工频交流耐压试验，而只能以感应耐压试验代替。

试验时最好是在高压侧直接测量电压，以免在低压侧测量时因容升现象造成高压绝缘损伤。此外，在试验过程中还应严格防止谐振现象发生。

做一做

① 熟练操作试验所用各种设备仪器。

② 熟悉互感器各部分绝缘结构。

③ 绘制互感器绝缘试验各试验项目的试验接线图。

三、评价与反馈

评一评

（一）自我评价

1. 简答

① 电流互感器的绝缘结构有哪几种形式？它们各有何特点？

② 电压互感器的绝缘结构有哪几种形式？它们各有何特点？

③ 互感器的绝缘试验项目包括哪些？

④ 互感器绝缘试验需要用到哪些试验仪器？

⑤ 互感器绝缘试验各试验项目可以发现哪些绝缘缺陷？

2. 综合评价

① 能否正确进行互感器的各项绝缘试验？　能□　　不能□

② 能否根据测量结果正确分析判断互感器的绝缘状况？　能□　　不能□

③ 对本任务的学习是否满意？满意□　　基本满意□　　不满意□

（二）小组评价

① 学习页的填写情况如何？

评价情况：＿＿＿＿＿＿＿＿＿＿＿＿＿＿＿＿＿＿＿＿＿＿＿＿＿＿＿＿＿＿＿＿＿。

② 学习、工作环境是否整洁，完成工作任务后，是否对环境进行了整理、清扫？

评价情况：＿＿＿＿＿＿＿＿＿＿＿＿＿＿＿＿＿＿＿＿＿＿＿＿＿＿＿＿＿＿＿＿＿。

参评人员签字：＿＿＿＿＿＿＿＿＿＿＿＿＿＿＿＿＿＿＿＿＿＿＿＿＿＿＿＿＿＿。

（三）教师评价

教师总体评价：

教师签字＿＿＿＿＿＿＿＿＿

＿＿＿＿＿＿年＿＿＿月＿＿＿日

工 作 页

工作任务		互感器绝缘试验	
专业班级		学生姓名	
工作小组		工作时间	

一、工作目标

① 了解互感器的绝缘结构。
② 掌握各种试验仪器的使用方法。
③ 掌握互感器绝缘试验各项目的试验方法。
④ 掌握根据实验结果判断被试互感器绝缘状况的方法。

二、工作任务

使用相关试验仪器进行互感器绝缘试验项目，并通过试验结果综合判断被试互感器的绝缘状况。

三、工作任务标准

① 熟悉互感器的绝缘结构。
② 熟练掌握各试验仪器的使用方法。
③ 学会根据《电力设备预防性试验规程》中的标准判断互感器的绝缘状况。

四、工作内容与步骤

根据相关章节内容完成互感器绝缘试验各试验项目──→根据测量结果分析判断被试互感器绝缘状况──→提交工作页──→反馈评价，总结反思。

各试验项目结果记录：

根据试验结果和相关试验标准分析判断互感器绝缘状况：

评 价 表

任务名称		互感器绝缘试验				
工作组		组长		班级		
组员			日期		月 日 节	
序号		评价内容		学生自评	学生互评	教师评价
知识	①	互感器绝缘结构				
	②	互感器绝缘试验项目				
能力	①	各种互感器绝缘试验项目试验仪器的使用				
	②	根据试验结果对被试互感器的绝缘状况的分析判断				
职业 行为	①	着装整齐,正确佩戴工具				
	②	工具和仪表摆放整齐				
	③	与他人进行良好的沟通和合作				
	④	安全意识、5S 意识				
综合评价						

	收获感言
评价规则: A. 完全掌握/做到/具备 B. 基本掌握/做到/具备 C. 没有掌握/做到/具备	

任务九 断路器绝缘试验

学 习 页

任务描述

① 使用电池型高压绝缘电阻测试仪测量断路器的绝缘电阻和吸收比。

② 使用直流高压发生器测量断路器的泄漏电流。

③ 使用 YD 油浸式耐压试验装置对断路器进行工频交流耐压试验。

④ 使用 DY-6000 绝缘油介质损耗及电阻率测试仪对断路器进行绝缘油试验。

⑤ 使用 YTBZ 直流电阻测试仪和 AI-6000 自动抗干扰精密介质损耗测量仪分别测量断路器断口并联电阻和并联电容。

一、学习准备

(一) 断路器基本结构

断路器是电力系统重要的控制和保护设备。所谓控制作用,就是根据电网运行需要,利用断路器可以安全可靠地投入或切除相应的线路或电气设备;线路或电气设备发生故障时,利用断路器可以将故障部分从电网中快速切除,保证电网无故障部分正常运行。对于输配电线路,往往还要求断路器具备自动重合闸的功能。

断路器从结构和功能上可以分为四个部分:导电回路、灭弧装置、绝缘系统和操动机构。

1. 导电回路

断路器的导电回路包括动静触头、中间触头以及各种形式的过渡连接。接触电阻是判断断路器导电回路优劣的重要参数。

2. 灭弧装置

灭弧装置要解决的主要问题是如何提高灭弧能力、减少燃弧时间。灭弧装置既要能可靠开断数值很大的短路电流,又要提高熄灭小电容性和电感性电流的能力。

油断路器是历史上使用最广泛的一种断路器,它利用变压器油作为灭弧介质和绝缘介质;近几十年来真空断路器得到了很大发展,真空断路器使用高真空作为灭弧和绝缘介质;SF_6 断路器是新一代的开关装置,利用 SF_6 气体优良的绝缘和灭弧性能实现其分合电路的功能。

3. 绝缘系统

断路器必须保证以下三个方面的绝缘处于良好的状态。

① 导电部分对地之间的绝缘。这部分绝缘由支持绝缘子或瓷套、绝缘杆件（包括绝缘拉杆和提升杆），以及多油断路器中的绝缘油、真空断路器中的高真空、SF_6断路器中的SF_6气体等组成。

② 断口间绝缘。这部分绝缘通常靠绝缘油、高真空或SF_6气体来保证。

③ 相间绝缘。对于三相断路器主要由绝缘油、高真空、SF_6气体或绝缘隔板等来保证，分相断路器则由足够的空间距离来保证。

断路器各部分绝缘既要能在长期工作电压下安全运行，又要能承受标准所规定的试验电压作用。

4. 操动机构

除断路器本体外，断路器一般均附设操动机构，来实现其操作和保持其相应的分合闸位置。

（二）YTBZ 直流电阻测试仪

1. 主要技术指标

① 主要技术指标如表 9-1 所示。

表 9-1 YTBZ 直流电阻测试仪主要技术指标

型号	测量范围	输出电流	测量精度	体积/mm³	重量/kg
YTBZ-1	1mΩ~20kΩ	0~1A	0.2%±2字	280×210×110	4
YTBZ-3	1mΩ~10kΩ	0~3A	0.2%±2字	280×210×110	4
YTBZ-5	1mΩ~5kΩ	0~5A	0.2%±2字	280×210×110	4
YTBZ-10	1mΩ~2kΩ	0~10A	0.2%±2字	380×260×160	7

② 最高分辨度：$1\mu\Omega$。

③ 工作电源：AC220V±10%，或内置电池。

④ 电池工作时间：约连续工作 2h。

⑤ 环境温度：-10~40℃。

2. 按键设置

YTBZ 测试仪共设六个按键，说明如下。

① 光标移动键"▲""▼""▶"：在菜单选择状态下，用于移动光标选择所需菜单项，在参数设置状态下，用于使当前输入位加1、减1、右移。

②"取消"键：在菜单选择及测量状态下，用于取消当前操作，回到上级菜单。在参数输入状态下，用于取消当前输入位，直至退出输入状态。

③"确定"键：用于确认当前选择或确认当前输入数据。

④"复位"键：在任何状态下，按此键将使整机复位回到初始状态。

3. 操作方法

（1）电阻测量

仪器开机或按复位键后如图 9-1 所示，进入初始状态（1）。使光标指针指向"电阻测量"，按"确定"键进入状态（2），显示电流选择列表。不同电流挡的测量范围如表 9-2，可参考选择，自动挡可达到技术指标中对应型号所列的整个测量范围，自动选择电流的原则是尽量使用较大的电流挡。使光标指向所需要的输出电流，按"确定"键进入状态（3），显示变化的充电电流和测量时间，# ABC 是设备编号，用户可任意输入修改，MN 表示该被测设备测量次数，充电完成后自动显示电阻值，此时每按一次"确定"键则储存一次测量结果，测量次数 MN 加 1。按"取消"或"复位"键退出电阻测量，进入状态（4），显示正在放电。放电结束后，自动回到初始状态（1），完成一次电阻测量。

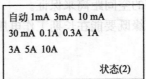

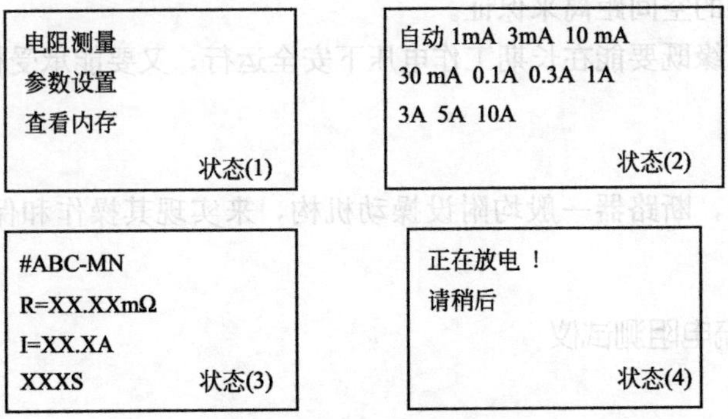

图 9-1　电阻测量界面

表 9-2　不同电流挡测量范围

电流挡	测量范围	电流挡	测量范围
1mA	1.5kΩ～6kΩ	0.3A	5～20Ω
3mA	500Ω～2kΩ	1A	1.5～6Ω
10mA	150～600Ω	3A	500mΩ～2Ω
30mA	50～200Ω	5A	300mΩ～1Ω
0.1A	15～60Ω	10A	1～500mΩ
超出上述测量范围的电阻请使用自动量程			

（2）参数设置

参数设置即输入设备编号。输入设备编号有助于数据区分及内存数据的查找，在初始状态（1），使光标指针指向"参数设置"，按"确定"键进入状态（5），提示输入新设备编号，此时按"▲"或"▼"键可使当前输入位从'0'到'9'，再从'A'到'Z'循环显示，按"▶"键输入下一位，按"取消"键取消当前输入位，直至退出输入状态，输入字符不能超过 6 个，输入完毕按"确定"键回到状态（5），显示新输入设备编号。输入新设备编号后，被测设备测量序号自动置 1，如图 9-2 所示。

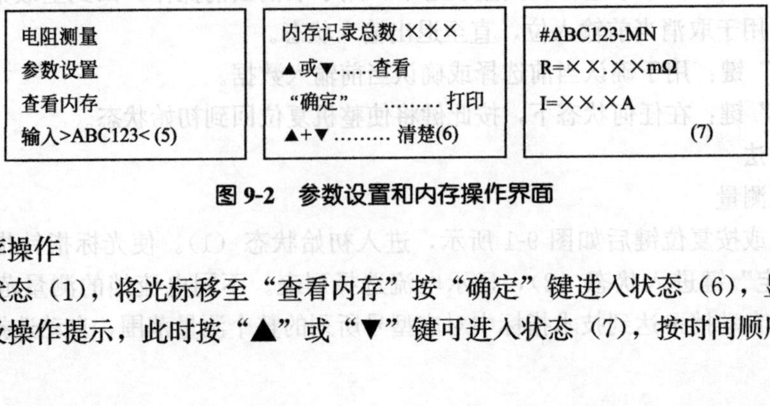

图 9-2　参数设置和内存操作界面

（3）内存操作

在初始状态（1），将光标移至"查看内存"按"确定"键进入状态（6），显示当前存储器记录总数及操作提示，此时按"▲"或"▼"键可进入状态（7），按时间顺序查看存储器记录内容，ABC123 表示该记录设备编号，MN 表示该设备第 MN 个电阻值，同时按"▲"和"▼"键将清除存储器全部数据，按"取消"或"复位"键退出内存操作返回状态（1）。存储器最多可存储 250 次测量结果，超过 250 次以后最早的记录将被覆盖。存储器内容在断电条件下可长期保持不丢失，如图 9-2 所示。

（4）内置电池及充电

当内置电池电压不足时仪器会自动断电，需要充电时，只需将仪器交流电源接到 220V 交流电源即可，不用打开仪器工作电源。仪器有充电指示，充电时指示灯亮，当电池充满时内部充电电路自动关闭，充电指示灯熄灭。对于 10A 型仪器，电池充满后可在最大电流下连续工作约 2h。

4. 注意事项

① 请在使用前仔细阅读本使用说明书，按使用说明操作。

② YTBZ 直流电阻测试仪是不带充电电池的型号，所有和电池有关的功能和操作与此无关，其他功能和操作与 YTBZB 相同。

③ YTBZ 电源开关为不锁定按钮开关，按一次开机，再按一次关机，重复开关机时间间隔大于 8s 才有效。YTBZ 电源开关为锁定开关。

④ 充电操作，充电应在内部电源关机状态进行，插上 220V 交流电时，充电指示灯亮，电池充满时，指示灯灭。

⑤ 自动电流挡的输出电流尽量使用较大的电流，可输出从 0 到最大值的各种电流。

⑥ 同一个测试钳的两条线要分别接到同颜色的电流和电压接线柱。

⑦ 每次测试完毕后，等待放电指示结束后再拆测试线，操作者应注意安全。

⑧ 存储器最多可存储 250 次测量结果，超过 250 次以后最早的记录将被覆盖。

⑨ 测量过程中若出现异常情况，请按复位键或关机，若无法恢复正常请和本公司联系，不得自行拆卸。

⑩ 当不接测试线时打开电源，显示屏右下角显示电池电压指示，其他情况下不再显示。

⑪ 亏电保护，当电池电压过低时，继续使用将会导致保护电路动作，自动关闭电源，自动关闭后应及时充电。

⑫ 电池维护，充电电池属于消耗部件，不属于保修范围之内，和手机及汽车电池一样，应注意维护并定期更换，一般正常使用时间不超过两年。充电电池在使用时有效容量会随时间逐渐降低，从而使有效使用时间缩短。为了尽量提高电池寿命，请注意以下维护措施。

· 如果长期不使用，要定期进行充电，电池每两个月要充、放电一次。

· 严禁亏电使用，亏电将严重影响电池寿命，甚至使电池报废，当测试仪因电池不足不能正常工作时，应马上关闭电源，进行充电。

· 为保证有效测量时间，建议每使用一至两年更换一次充电电池，用户可按相同规格自行更换。

想一想

① 断路器的作用是什么？

② 根据断路器的结构和组成可推断断路器绝缘试验项目有哪些？

二、计划与实施

断路器的绝缘试验是通过各种测试手段判断并掌握断路器的导电部分对地以及断口间的绝缘水平。由于各种断路器结构特征相差很大，其试验项目及判断标准不完全一样。一般而言，断路器的绝缘试验有以下几项：测量绝缘电阻、测量泄漏电流、工频交流耐压试验、绝缘油试验、断口并联电阻和并联电容的绝缘性能试验等。

1. 测量绝缘电阻

测量绝缘电阻是断路器绝缘试验的基本项目，交接、大修后以及运行中每年进行一次。测量导电部分对地的绝缘电阻应在合闸状态下进行；测量断口间的绝缘电阻应在分闸状态下进行，测量时应使用2500V绝缘电阻表。通过绝缘电阻的测量，能有效地发现断路器的受潮和贯穿性缺陷。

对断路器整体的绝缘电阻通常不作规定，可与出厂及历年试验结果或同类型的断路器相互比较来判断。规程中只用有机物制成的绝缘拉杆的绝缘电阻作出了规定，如表9-3所示。

表9-3　用有机物制成的绝缘拉杆的绝缘电阻标准　　　　　　MΩ

试验类别	额定电压/kV		
	3～15	20～35	63～220
交接及大修后	1200	3000	6000
运行中	300	1000	3000

2. 测量泄漏电流

测量泄漏电流是35kV及以上少油、压缩空气和SF_6断路器的重要试验项目，交接、大修后以及运行中每年进行一次。在分闸状态测量断路器的泄漏电流能够有效地发现整体绝缘及绝缘拉杆受潮、瓷套裂纹、灭弧室受潮、油质劣化、SF_6气体变质等缺陷。

对于35kV及以上少油断路器，每一元件的泄漏电流试验标准如表9-4所示。

表9-4　泄漏电流试验标准

额定电压/kV	35	35以上
试验电压/kV	20	40
泄漏电流/μA	10	

对于少油断路器，应在分闸位置按图9-3的接线进行试验，即断口外侧A、A′两端接地，试验电压加在三角箱B处，这样可同时对三个元件施加直流电压。当泄漏电流值超过标准时，再分别对每一元件进行试验，从而确定有缺陷的绝缘部件。

3. 工频交流耐压试验

工频交流耐压试验是断路器交接、大修后以及每3年进行一次的重要试验项目。耐压试验需在其他绝缘试验项目合格之后进行。

断路器的工频交流耐压试验，应在合闸状态下导电部分对地之间，以及分闸状态下的断口间进行。油断路器的耐压

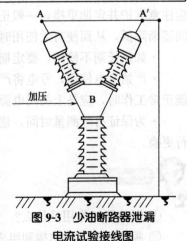

图9-3　少油断路器泄漏电流试验接线图

试验，应在油处于充分静止的情况下进行，以免油中的气泡引起放电击穿。对于三相在同一箱中的断路器，各相应分别进行试验，一相耐压时，其余两相和外壳一起接地。

对于 110kV 及以上的断路器，现场若无条件进行整体工频交流耐压试验，可在断路器解体时，对绝缘拉杆单独作耐压试验。

对于 ZN-27.5 型真空断路器，除了对其主绝缘（包括两个绝缘支座和一个绝缘拉杆）进行工频交流耐压试验外，还应对真空灭弧室内动、静触头间的绝缘进行耐压试验。具体做法是：真空断路器处于分闸状态，用 1000V 绝缘电阻表测量真空灭弧室断口间的绝缘电阻，当绝缘电阻值超过 500MΩ 时（说明真空度是好的），在两触头间施加 85kV 试验电压，持续 1min。在耐压试验持续时间内如无闪络、击穿现象，则说明真空灭弧室完好，否则应予更换。

在运行中应随时监视真空断路器，如发现真空灭弧室出现红色或乳白色的辉光，或者内部零件氧化变色或失去铜的光泽，或者玻璃壳上存在大片的沉积物，应按上述方法对真空灭弧室进行工频交流耐压试验，以决定是否需要更换。

4. 绝缘油试验

对于油断路器，在交接、大修后以及运行中每年进行一次油的简化分析和电气强度试验，具体方法详见相关章节部分。

5. 断口并联电阻和并联电容的绝缘性能试验

110kV 及以上的断路器，为了提高切断能力、限制内部过电压或使断口电压均匀，通常在断口上并联有电阻或电容。在交接、大修后以及必要时应测量并联电阻的电阻值和并联电容的电容值及 tanδ 值。并联电阻的测量方法，与变压器绕组直流电阻的测量方法相同，所测得的并联电阻值应符合制造厂的规定。

并联电容的电容值及 tanδ 值，可用 AI-6000 自动抗干扰精密介质损耗测量仪测量。所测得电容值的偏差应不超过标称值的 ±10%，tanδ 值应不超过 1%（出厂标准为 0.4%，20℃）。

① 熟练操作试验所用各种设备仪器。

② 熟悉断路器各部分绝缘结构。

③ 绘制断路器绝缘试验各试验项目的试验接线图。

三、评价与反馈

（一）自我评价

1. 简答

① 断路器由哪些部分组成？

② 断路器绝缘系统包括哪三部分？

③ 断路器的绝缘试验项目包括哪些？

④ 断路器绝缘试验需要用到哪些试验仪器？

2. 综合评价

① 能否正确进行断路器的各项绝缘试验？ 能☐　　不能☐

② 能否根据测量结果正确分析判断断路器的绝缘状况？ 能☐　　不能☐

③ 对本任务的学习是否满意？ 满意☐　　基本满意☐　　不满意☐

（二）小组评价

① 学习页的填写情况如何？

评价情况：_____。

② 学习、工作环境是否整洁，完成工作任务后，是否对环境进行了整理、清扫？

评价情况：_____。

参评人员签字：_____。

（三）教师评价

教师总体评价：

教师签字_____

_____年_____月_____日

工 作 页

工作任务		断路器绝缘试验	
专业班级		学生姓名	
工作小组		工作时间	

一、工作目标

① 了解断路器的绝缘结构。
② 掌握各种试验仪器的使用方法。
③ 掌握断路器绝缘试验各项目的试验方法。
④ 掌握根据实验结果判断被试断路器绝缘状况的方法。

二、工作任务

使用相关试验仪器进行断路器绝缘试验项目，并通过试验结果综合判断被试断路器的绝缘状况。

三、工作任务标准

① 熟悉断路器的绝缘结构。
② 熟练掌握各试验仪器的使用方法。
③ 学会根据《电力设备预防性试验规程》中的标准判断断路器的绝缘状况。

四、工作内容与步骤

根据相关章节内容完成断路器绝缘试验各试验项目——→根据测量结果分析判断被试断路器绝缘状况——→提交工作页——→反馈评价，总结反思。

各试验项目试验结果记录：

根据试验结果和相关试验标准分析判断断路器绝缘状况：

评 价 表

任务名称		断路器绝缘试验				
工作组		组长		班级		
组员				日期	月 日 节	
序号		评价内容		学生自评	学生互评	教师评价
知识	①	断路器绝缘结构				
	②	断路器绝缘试验项目				
能力	①	各种断路器绝缘试验项目试验仪器的使用				
	②	根据试验结果对被试断路器的绝缘状况的分析判断				
职业行为	①	着装整齐,正确佩戴工具				
	②	工具和仪表摆放整齐				
	③	与他人进行良好的沟通和合作				
	④	安全意识、5S 意识				
综合评价						

	收获感言
评价规则: A. 完全掌握/做到/具备 B. 基本掌握/做到/具备 C. 没有掌握/做到/具备	

任务十 电容器绝缘试验

学 习 页

任务描述

① 使用电池型高压绝缘电阻测试仪测量电容器的绝缘电阻。

② 使用 AI-6000 自动抗干扰精密介质损耗测量仪测量电容器的电容量和 tanδ 值。

③ 使用 YD 油浸式耐压试验装置对并联、串联电容器进行工频交流耐压试验。

一、学习准备

（一）电力电容器的结构

电力电容器主要由芯子、外壳和出线结构三部分组成。

芯子是电容器的主要部分，电容器的工作介质和电极均在芯子中，如图 10-1 所示。芯子通常由若干元件、绝缘件和紧固件经过压装后，按规定的串并联接法连接而成。元件是电容器的基本单元，其本身就是一个简单的电容器，它是由一定厚度及层数的介质和两块极板（通常为铝箔）卷绕一定圈数后压扁而成。

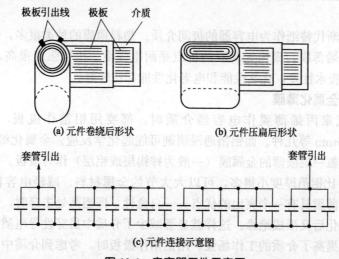

(a) 元件卷绕后形状   (b) 元件压扁后形状

(c) 元件连接示意图

图 10-1 电容器元件示意图

外壳有金属、瓷套和绝缘纸筒等几种。金属外壳有利于散热，瓷套和绝缘纸筒外壳的绝缘性能较好。

出线结构包括出线导体和出线绝缘两部分。出线导体包括金属导杆或软连接线（片）和法兰、螺栓等；出线绝缘通常为绝缘套管。

把芯子或由多个芯子组成的器身与外壳、出线结构进行装配，经过真空干燥、浸渍液体介质和密封后，即成电容器。

图 10-2 为 BGF10.5-100-1W 型并联电容器的结构。它采用金属矩形外壳密封液体浸渍剂，芯子由卷绕压扁形元件和绝缘件组成。每个元件上都串有内部熔丝，当元件击穿时熔丝熔断，使击穿的元件与线路断开，电容器仍能继续工作。引出线两端并联一放电电阻，当电容器被切除后，放电电阻迅速释放出线端的残余电荷、降低出线端的电压。

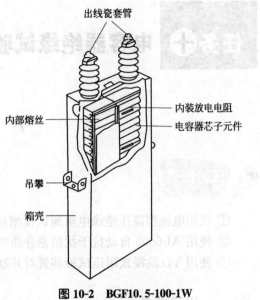

图 10-2　BGF10.5-100-1W
型并联电容器结构图

（二）电力电容器常用的绝缘介质

电容器绝缘的作用与其他电气设备有所不同。在其他设备的绝缘结构中，绝缘介质的作用是将不同电位的导体绝缘以及机械固定，而在电容器中，绝缘介质除了起绝缘作用外，主要是为了储存能量。因此，对电容器绝缘介质的选择，首先考虑的是单位体积（或单位重量）所储存的能量要大，然后是耐压高、损耗小、工艺性好、成本低等因素。这样，就需要选择介电系数大、耐电强度高的材料作为其介质。电力电容器常用的绝缘介质有以下几种。

1. 电容器纸

电容器纸由植物纤维制成，其特点是厚度薄、密度大、耐电强度高、机械强度高、含杂质少，电容器纸的主要性能指标比其他电工用纸都高。

2. 塑料薄膜

塑料薄膜已逐渐代替纸作为电容器的极间介质。塑料薄膜的种类很多，但电力电容器中应用最多的是聚丙烯薄膜。聚丙烯薄膜的特点是耐电强度、机械强度很高，介质损耗很小（$\tan\delta < 0.0002$），吸水性差，化学性能和电老化性能都比较好。

3. 金属化纸和金属化薄膜

用电容器纸或聚丙烯薄膜作电容器介质时，都要用铝箔作极板，铝箔的厚度有 0.007mm 和 0.016mm 等几种。而铝箔遇浸渍剂可能起化学反应。金属化纸和金属化薄膜，是在纸和薄膜上涂敷一层极薄的金属膜（一般为锌锡层或铝层）作为极板。金属膜的厚度仅为 $0.05\sim0.1\mu m$，比铝箔厚度小得多，可以大大节约金属材料、减轻电容器重量。特别是金属化纸和金属化薄膜具有一个突出的优点——自愈性，即当某处击穿时，短路电流使击穿部位周围金属膜熔化后又形成绝缘。这样就显著减少了介质中贯穿性导电质点和其他弱点对耐电强度的影响，提高了介质的工作场强。用铝箔作极板时，考虑到介质中导电质点和其他弱点的存在，极板间至少要三层介质，以便让这些弱点互相错开，而金属化介质只需用一层即可。

4. 液体浸渍剂

对于采用纸和薄膜的电力电容器，为了提高电气性能，必须浸渍液体介质，以填充纸间、薄膜间和与极板间的气隙。液体浸渍剂除应满足对电容器介质的一般性能要求外，还应满足吸气性好、黏度小、凝固点低、闪点高、化学性稳定、无毒或微毒等要求。电力电容器中常用的液体浸渍剂有：电容器油、苯甲基硅油、蓖麻油、十二烷基苯等。

 **想一想**

① 电容器的作用是什么？

② 电容器由哪些部分组成？

③ 根据电容器的结构和绝缘介质判断电容器绝缘试验需要进行哪些试验项目？

二、计划与实施

耦合电容器直接在工频高电压的长期作用下运行，并承受线路上的过电压作用，而且没有任何保护设备对其进行保护，因此要求它的结构及性能应特别可靠。为此，规程对它的试验提出了明确的要求。而对于并联、串联电容器，它们在电网中的情况与耦合电容器不同，更主要的是很多运行单位根据多年经验提出这类电容器试验的有效性较差，故规程中对这类电容器的预防性试验项目、周期和标准未做统一规定。

1. 耦合电容器的试验

耦合电容器的试验，包括绝缘电阻的测量、电容量的测量和 tanδ 的测量三项。在交接时及投运后三年内每年进行一次，其后每 1～3 年进行一次。多节组合的电容器应分节试验。

（1）绝缘电阻的测量

使用 2500V 绝缘电阻表，测量耦合电容器两极间的绝缘电阻。测量结果可与历次测量结果比较，与同型号电容器的测量结果比较。

（2）电容量的测量

电容量是电容器的一项主要技术数据，通过电容量的变化，可以反映出电容器内部是否存在元件击穿、短路、引线松动、断线或是介质受潮、绝缘油泄漏、干枯、变质等缺陷。

测量电容器的电容量，可以使用 AI-6000 自动抗干扰精密介质损耗测量仪与测量 tanδ 一起进行。

耦合电容器电容量的标准为：实测值与标称值比较偏差不得超过 −5%～+10%。

（3）tanδ 的测量

测量耦合电容器两极间绝缘的 tanδ 值，应在 10～35℃ 的条件下进行。由于其一极与底座相连，故使用 AI-6000 自动抗干扰精密介质损耗测量仪测量时应采用反接线。

耦合电容器 tanδ 值的标准为：油纸介质的电容器交接时应不大于 0.5%；运行中应不大于 0.8%，当超过 0.5% 时应引起注意。

2. 并联、串联电容器的试验

并联、串联电容器的试验，包括绝缘电阻的测量、电容量的测量和工频交流耐压试验三项。

（1）绝缘电阻的测量

测量电容器两极对外壳的绝缘电阻，能够反映电容器引线套管的瓷绝缘和内部元件对外

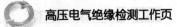

壳的油纸绝缘的缺陷。测量使用 2500V 绝缘电阻表，将电容器两极（三相的为三极）的引出线短接起来，接入绝缘电阻表的 L 端。

测量值一般要求不低于 2000MΩ，并应与以前的测量结果及同型号的电容器比较。

（2）电容量的测量

对于单相电容器，可按测量耦合电容器电容量的方法进行，并按同一标准掌握。

对于三角形和星形连接的三相电容器，测量方法也与之相同。电容器的测量接线和计算方法如表 10-1 和表 10-2 所示。

表 10-1　三相三角形接线电容器的电容量测量及计算公式

测量顺序	接线方式	短路的接线端	测量的接线端	测量的电容量	电容量计算公式
1	C_{12} C_{23} C_{13}	2、3 端子短路	1—23	C_{1-23}	$C_{12}=\dfrac{C_{1-23}+C_{2-13}-C_{3-12}}{2}$
2	C_{12} C_{23} C_{13}	1、2 端子短路	3—12	C_{3-12}	$C_{23}=\dfrac{C_{3-12}+C_{2-13}-C_{1-23}}{2}$ $C_{13}=\dfrac{C_{1-23}+C_{3-12}-C_{2-13}}{2}$
3	C_{12} C_{23} C_{13}	3、1 端子短路	2—13	C_{2-13}	总电容量 $C_{总}=\dfrac{C_{1-23}+C_{3-12}-C_{2-13}}{2}$

表 10-2　三相星形接线电容器的电容量测量及计算公式

测量顺序	接线方式	测量的接线端	测量的电容量	电容量计算公式
1	C_1 C_2 C_3	1—2	C_{12}	$C_1=\dfrac{2C_{12}\cdot C_{31}\cdot C_{23}}{C_{31}\cdot C_{23}+C_{12}\cdot C_{23}-C_{12}\cdot C_{31}}$
2		3—1	C_{31}	$C_2=\dfrac{2C_{12}\cdot C_{31}\cdot C_{23}}{C_{31}\cdot C_{23}+C_{12}\cdot C_{31}-C_{12}\cdot C_{23}}$
3		2—3	C_{23}	$C_3=\dfrac{2C_{12}\cdot C_{31}\cdot C_{23}}{C_{12}\cdot C_{23}+C_{12}\cdot C_{31}-C_{31}\cdot C_{23}}$

要求所测得的电容值与标称值比较，差值不应超过±10%，其中任何两端子间测得的最大值与最小值之比不得大于 1.1。

（3）工频交流耐压试验

电容器两极对外壳的工频交流耐压试验，可以有效地检测出套管受潮、油纸击穿、瓷套内不清洁、油面下降引起的放电等缺陷。当电容器一极固定接外壳时，则不做此项试验。电容器一般不作极间的工频交流耐压试验。

电容器极对外壳的工频交流耐压试验时，将电容器两极（或三极）引出线端短接起来加压，外壳接地，持续时间为 1min。试验电压标准如表 10-3 所示。

表 10-3　电容器极对外壳的工频交流耐压试验电压标准

额定电压/kV		<1	1	3	6	10	15	20	35
试验电压 /kV	出厂时	3	5	18	25	35	45	55	85
	交接时	2.2	3.8	14	19	26	34	41	63

 做一做

① 熟练操作试验所用各种设备仪器。
② 熟悉电容器各部分绝缘结构。
③ 绘制电容器绝缘试验各试验项目的试验接线图。

三、评价与反馈

 评一评

（一）自我评价

1. 简答

① 电容器由哪些部分组成？
② 电容器绝缘系统包括哪三部分？
③ 电容器的绝缘试验项目包括哪些？
④ 电容器绝缘试验需要用到哪些试验仪器？

2. 综合评价

① 能否正确进行电容器的各项绝缘试验？ 能□　　　不能□
② 能否根据测量结果正确分析判断电容器的绝缘状况？ 能□　　　不能□
③ 对本任务的学习是否满意？ 满意□　　　基本满意□　　　不满意□

（二）小组评价

① 学习页的填写情况如何？
评价情况：_____。
② 学习、工作环境是否整洁，完成工作任务后，是否对环境进行了整理、清扫？
评价情况：_____。
参评人员签字：_____。

（三）教师评价

教师总体评价：

教师签字_____
_____年_____月_____日

119

工 作 页

工作任务	电容器绝缘试验	
专业班级	学生姓名	
工作小组	工作时间	

一、工作目标

① 了解电容器的绝缘结构。
② 掌握各种试验仪器的使用方法。
③ 掌握电容器绝缘试验各项目的试验方法。
④ 掌握根据实验结果判断被试电容器绝缘状况的方法。

二、工作任务

使用相关试验仪器进行电容器绝缘试验项目，并通过试验结果综合判断被试电容器的绝缘状况。

三、工作任务标准

① 熟悉电容器的绝缘结构。
② 熟练掌握各试验仪器的使用方法。
③ 学会根据《电力设备预防性试验规程》中的标准判断电容器的绝缘状况。

四、工作内容与步骤

根据相关章节内容完成电容器绝缘试验各试验项目——根据测量结果分析判断被试电容器绝缘状况——提交工作页——反馈评价，总结反思。

各试验项目试验结果记录：

根据试验结果和相关试验标准分析判断电容器绝缘状况：

评 价 表

任务名称		电容器绝缘试验				
工作组			组长		班级	
组员				日期		月　日　节
序号		评价内容		学生自评	学生互评	教师评价
知识	①	电容器绝缘结构				
	②	电容器绝缘试验项目				
能力	①	各种电容器绝缘试验项目试验仪器的使用				
	②	根据试验结果对被试电容器的绝缘状况的分析判断				
职业行为	①	着装整齐，正确佩戴工具				
	②	工具和仪表摆放整齐				
	③	与他人进行良好的沟通和合作				
	④	安全意识、5S意识				
综合评价						

评价规则：
A. 完全掌握/做到/具备
B. 基本掌握/做到/具备
C. 没有掌握/做到/具备

收获感言

任务十一 氧化锌避雷器绝缘试验

学习页

任务描述

① 使用电池型高压绝缘电阻测试仪测量氧化锌避雷器的绝缘电阻。

② 使用直流高压发生器测量直流 1mA 下的电压 U_{1mA} 及 $0.75U_{1mA}$ 下的泄漏电流。

③ 使用 LCD-2011 型氧化锌避雷器带电测试仪测量运行电压下的交流泄漏电流。

一、学习准备

(一) 氧化锌避雷器认识

1. 氧化锌避雷器存在的主要问题

① 由于氧化锌避雷器取消了串联间隙，在电网运行电压的作用下，其本体要流通电流，电流中的有功分量将使氧化锌阀片发热，继而引起伏安特性的变化，这是一个正反馈过程。长期作用的结果将导致氧化锌阀片老化，直至出现热击穿。

② 氧化锌避雷器受到冲击电压的作用，氧化锌阀片也会在冲击电压能量的作用下发生老化。

③ 氧化锌避雷器内部受潮或绝缘支架绝缘性能不良，会使工频电流增加，功耗加剧，严重时可导致内部放电。

④ 氧化锌避雷器受到雨、雪、露水及灰尘的污染，会由于氧化锌避雷器内外电位分布不同而使内部氧化锌阀片与外部瓷套之间产生较大电位差，导致径向放电现象发生，损坏整支避雷器。

2. 为什么要测试阻性电流

判断氧化锌避雷器是否发生老化或受潮，通常以观察正常运行电压下流过氧化锌避雷器阻性电流的变化，即观察阻性泄漏电流是否增大作为判断依据。当氧化锌避雷器处于合适的荷电率状况下时，阻性泄漏电流仅占总电流的 $10\%\sim20\%$，因此，仅仅以观察总电流的变化情况来确定氧化锌避雷器阻性电流的变化情况是困难的，只有将阻性泄漏电流从总电流中分离出来，才能清楚地了解它的变化情况。

3. 理论及实践结论已有研究指出

① 阻性电流的基波成分增长较大，谐波的含量增长不明显时，一般表现为污秽严重或受潮。

② 阻性电流谐波的含量增长较大，基波成分增长不明显时，一般表现为老化。

③ 仅当避雷器发生均匀劣化时，底部容性电流不发生变化。发生不均匀劣化时，底部

容性电流增加。避雷器有一半发生劣化时，底部容性电流增加最多。

④ 相间干扰对测试结果有影响，但不影响测试结果的有效性。采用历史数据的纵向比较法，能较好地反映氧化锌避雷器运行情况。

（二）LCD-2011 型氧化锌避雷器带电测试仪

1. 仪器性能及技术指标

① 电源：220V，50Hz，或内部直流电源。

② 参考电压输入范围（电压基准信号）：50Hz，30～100V。

③ 测量参数：

- 泄漏电流全电流波形、基波有效值、峰值。
- 泄漏电流阻性分量基波有效值及 3、5、7、9 次有效值。
- 泄漏电流阻性分量峰值。
- 全电压、全电流之间的相角差。
- 运行（或试验）电压有效值。
- 避雷器功耗。

④ 测量准确度：

- 电流：全电流＞100μA 时：±5％读数±1 个字；
- 电压：基准电压信号＞30V 时：±2％读数±1 个字。

⑤ 测量范围：泄漏电流 100μA～10mA（峰值），电压 30～100V。

⑥ 电压取样方式为：电压互感器（或试验变压器仪表绕组）的电压信号经过配套的 V/I 变换有源传感器接入电压通道，作为参考电压信号。

⑦ 电流取样方式：电流通道为内置穿芯式小电流传感器取样方式，信号失真小。

2. 仪器面板介绍

仪器面板如图 11-1 所示。

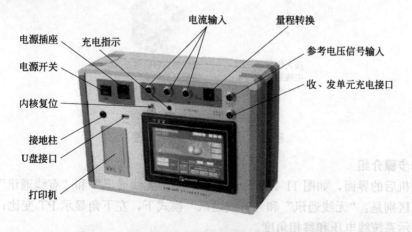

图 11-1 LCD-2011 型氧化锌避雷器带电测试仪面板

插入电源线后，仪器即进入充电状态，不必打开电源开关。完成充电的时间为 5h。充电完成后，仪器自动切断充电回路，不必考虑仪器的过充电。仪器放置一段时间后，内部电池会自然放电。因此，使用前要进行充电。充满电后的工作时间不小于 4h。

3. 接线方法

(1) 带电测试

电流采集接线如图 11-2 所示，电流采集点为放电计数器上端引线，地线可以在系统的任一个接地点接入仪器面板接地柱。

电压取样，从系统电压互感器的计量端子取三相电压信号，此电压信号经过配套的 V/I 变换有源传感器，以有线或无线的方式接入仪器参考电压信号通道，作为参考电压信号。

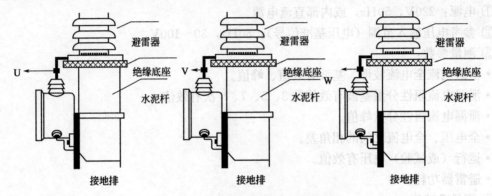

图 11-2 带电测试电流采集接线图

图中 U、V、W 三点为三相的电流信号取样点

(2) 离线测试

试验线路如图 11-3 所示。"变压器仪表端"指试验变压器的仪表绕组，此电压信号经过配套的 V/I 变换有源传感器接入仪器参考电压信号通道，作为参考电压信号。

单相试验时，电压信号接入 U 相，电流信号也要对应接入 A 通道。

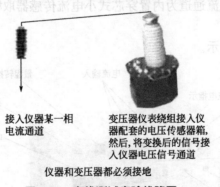

接入仪器某一相电流通道

变压器仪表绕组接入仪器配套的电压传感器箱，然后，将变换后的信号接入仪器电压信号通道

仪器和变压器都必须接地

图 11-3 离线测试实验线路图

4. 操作步骤介绍

仪器开机后的界面，如图 11-4 所示。图 11-4 是"无线通讯"和"有线通讯"模式下的显示界面。区别是："无线通讯"和"有线通讯"模式下，左下角显示 PT 变比；"无电压"模式下，显示系统线电压和移相角度。

操作菜单介绍如下：

- 文件管理：存储数据搜索、查阅、打印、删除（格式化）。
- 数据编号：输入一个易于识别的编号，便于数据记录的识别、存储和管理。
- 开始测试：进入到测试界面。

• 实测模式/干扰演算：实际测量数据指标/实际测试值进行消除相间干扰演算。

• 电池电量：实时监测内部电池的容量状况。有线通讯、无线通讯、无电压：选择参考电压的取样方式。

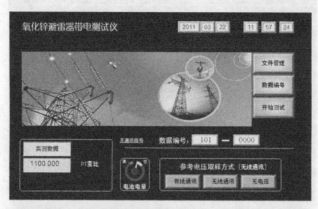

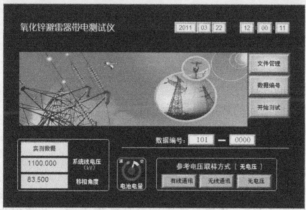

图 11-4　LCD-2011 型氧化锌避雷器带电测试仪开机界面

（1）数据编号

单击屏幕上"数据编号"菜单，弹出如图 11-5 所示的输入界面，单击编号显示方框，将弹出软键盘，输入数据即可。

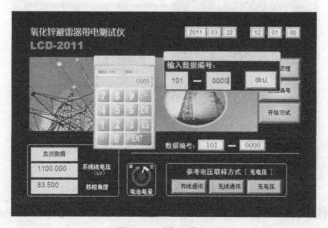

图 11-5　输入界面

125

（2）文件管理

单击屏幕上"文件管理"菜单，弹出如图 11-6 所示的界面。

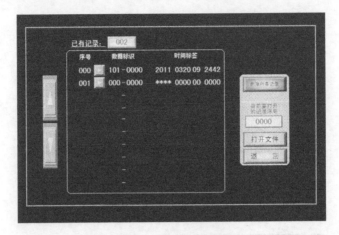

图 11-6　文件管理界面

图中：

① 已有记录：告知保存数据的组数。

② 序号：记录保存的顺序号。

③ 数据标识：试验前输入的数据记录标识符。

④ 时间标签：试验时的年、月、日、时、分、秒。

⑤ 数据记录数大于 10 时，左边的箭头键可上、下翻页。

⑥ 删除已有记录：相当于内部存储空间的格式化。

⑦ "序号"和"数据标识"之间的箭头，选中后，"打开文件"标签的上面会出现被选中的记录号，单击"打开文件"，将显示选中记录的数据内容，并可以打印输出。如图 11-7 所示。

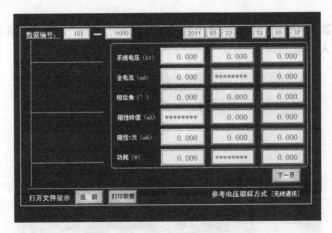

图 11-7　文件记录的数据

图 11-8 是"删除文件"（相当于格式化）的界面，仪器不支持一条一条删除记录，而是一次性删除所有记录，因此操作要谨慎。

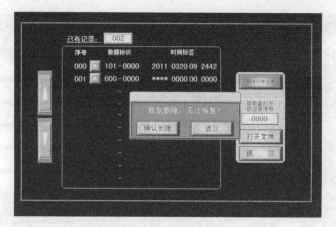

图 11-8 "删除文件"界面

（3）开始测试

本菜单是测试功能菜单，单击此菜单后进入如图 11-9 所示的测试界面。在此界面单击"开始测试"，进入测试过程，测试完成后，数据和波形就能显示。

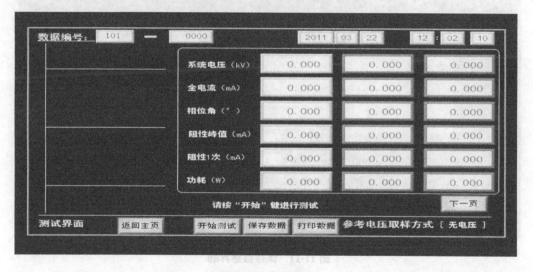

图 11-9 测试界面

试验完成后，如果想进一步观察其他数据，可点击"下一页"，图 11-10 是阻性电流各成分的显示界面。

图 11-11 是保存数据的界面。

5. 测试说明

（1）同步方式说明

如采用"有线方式"或者"无线方式"测试，就要连接电压传感器箱，同时，仪器软件中还要输入变比。如测试 110kV 系统，那么输入变比为 1100（110kV/100V），220kV 时输入 2200。如果在试验室采用试验变压器加压，那么就必须输入变压器的变比。例如试验变压器的高压为 50kV，仪表绕组电压为 100V，那么变比输入就为 500，依此类推。

如采用"无电压"方式测试，就要直接输入系统电压或外施高压。这种方式不需要引入

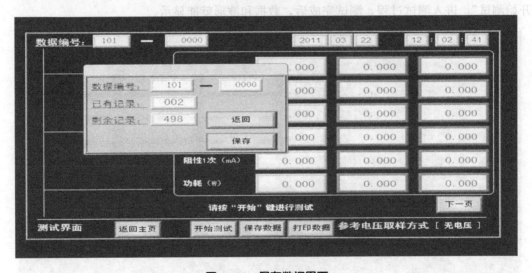

图 11-10　阻性电流各成分的显示界面

图 11-11　保存数据界面

参考电压信号。

"无电压"方式测试时，是假定 V 相的电流超前电压的相位角为一定的角度（一般假定为 83°），从而根据 V 相的电流波形得到 V 相的电压波形，进而得到 U、W 两相的电压波形。由于历次的测试都是在此假设条件下完成，因此具有很强的可比性，大大简化了测试。

异常结果判断时，应遵循少数服从多数原则，如果 U、W 两相数据均不正常，就初步判断 V 相存在问题（基准错误），如果 U、W 某一相数据异常，就是数据异常的某相存在问题，最后的精确判断还得接入电压信号确诊。

（2）测试数据异常的自诊断

一般来说，相位角决定阻性电流的大小。U、V、W 三相的相位角一般为 79°、83°、87° 左右，三相的阻性电流基本遵循 $I_u > I_v > I_w$，这是普遍规律。

① 相位角分布明显没有规律，差别太大，且全电流测试正常，三相电压、电流引入错

128

乱的可能性极大。

② 相位角分布明显没有规律，差别太大，且全电流很小，电流引入线接触不良的可能性极大。这是因为接入点锈蚀造成的接触不良。

③ 相位角出现−277、−273、−281 等情况，不是问题，因为−277 与 83 是等效的。（360−277＝83）。

总而言之，测试不正常时，先检查接线是否牢靠（三相电压、电流幅值是否正确），再检查三相的电压、电流是否接入对应的通道（电压基准错误会导致阻性电流计算完全错误）。排除这两点的可能性后，试验数据是真实的。

6. 电压传感器箱介绍

电压传感器箱是仪器重要的组成部分，用来获得电压相位基准和量值。在"有线同步"和"无线同步"两种方式下都必须使用此传感器箱。在"无电压"方式下不接此装置。

特点：

① 内带高能锂离子电池；

② 电压通道为高阻抗输入；

③ 输入引线自带保险管；

④ 支持电压信号的有线传输和无线传输。

图 11-12 为电压传感器箱的面板示意图，无线方式接线图如图 11-13 所示。有线方式取消发射和接收单元，其他相同。

图 11-12　电压传感器箱的面板示意图

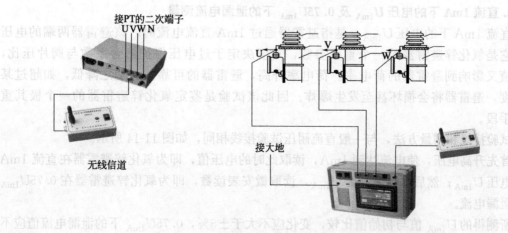

图 11-13　无线方式接线图

7. 注意事项

① 仪器必须可靠接地，以保证设备和人身安全。

② 从 PT 二次侧取参考电压时，一定要小心谨慎，小心接线以避免 PT 二次短路。

③ 进入测量前，应做好各种输入选择。

④ 带电测试时，应取与被测避雷器同相的 PT 二次侧电压作为参考信号。本测试仪所配的三根电压信号的一端各配有一只 100mA 保险管，当接线错误导致短路时，该保险管会起到保护 PT 二次短路的作用。因此，当测试仪所显示的试验电压不正确时，在确认输入变比无误后，请检查该保险管是否烧断。

① 氧化锌避雷器和阀型避雷器的区别？

② 对于氧化锌避雷器需要进行哪些绝缘试验项目？

③ 使用 LCD-2011 型氧化锌避雷器带电测试仪的时候需要注意什么？

二、计划与实施

(一) 氧化锌避雷器绝缘试验

氧化锌避雷器的绝缘试验，主要是测量绝缘电阻、测量直流 1mA 下的电压 U_{1mA} 及 $0.75U_{1mA}$ 下的泄漏电流、测量运行电压下的交流泄漏电流三项。

1. 绝缘电阻的测量

由于氧化锌阀片在小电流区域具有特别高的阻值，故氧化锌避雷器的绝缘电阻除决定于阀片外，还决定于内部绝缘部件和瓷套。

额定电压 35kV 及以下的氧化锌避雷器用 2500V 绝缘电阻表，绝缘电阻值应不低于 10000MΩ；额定电压 35kV 以上的氧化锌避雷器用 5000V 绝缘电阻表，绝缘电阻值应不低于 30000MΩ。

2. 直流 1mA 下的电压 U_{1mA} 及 $0.75U_{1mA}$ 下的泄漏电流测量

直流 1mA 下的电压 U_{1mA}，是指避雷器通过 1mA 直流电流时，该避雷器两端的电压值。它是氧化锌避雷器的一个重要参数，其值决定于过电压保护配合系数与阀片压比，而该值又影响到避雷器的荷电率。荷电率升高，避雷器的可靠性将随之降低，如超过某一限度，避雷器将会损坏甚至发生爆炸。因此该试验是鉴定氧化锌避雷器的一个极其重要的手段。

试验接线和测量方法，与一般直流耐压试验接线相同，如图 11-14 所示。

首先升高电压，使电流达到 1mA，读取此时的电压值，即为氧化锌避雷器在直流 1mA 下的电压 U_{1mA}；然后再降至 $0.75U_{1mA}$，读取微安表读数，即为氧化锌避雷器在 $0.75U_{1mA}$ 下的泄漏电流。

所测得的 U_{1mA} 值与初始值比较，变化应不大于±5%，$0.75U_{1mA}$ 下的泄漏电流值应不大于 50μA。

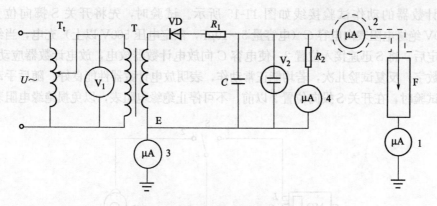

图 11-14　泄漏电流测量接线图

3. 运行电压下交流泄漏电流的测量

氧化锌避雷器通常为多个氧化锌阀片串联（根据通流容量的要求，也有多柱并联的），固定在避雷器瓷套中。在正常运行电压下，流过避雷器的电流很小，只有几十至数百微安，这个电流称为运行电压下的交流泄漏电流。避雷器的交流泄漏电流可分为三部分：流过氧化锌阀片的电流、流过固定阀片的绝缘材料的电流和流过避雷器瓷套的电流。当避雷器完好时，流过氧化锌阀片的电流是交流泄漏电流的主要成分，也可以认为流过氧化锌阀片的电流就是避雷器的交流泄漏电流。氧化锌避雷器的交流泄漏电流中包含阻性电流（有功分量）和容性电流（无功分量）。在正常运行情况下，通过避雷器的电流主要是容性分量，阻性泄漏电流仅占总电流的 $10\%\sim20\%$。但当避雷器内部绝缘状况不良以及阀片特性发生变化时，交流泄漏电流中的阻性分量就会增大很多，而容性分量变化不大。避雷器阻性分量的增大会使阀片功率损耗增加，阀片温度升高，从而加速阀片的老化。因此，测量运行电压下的交流泄漏电流及其阻性分量，是判断氧化锌避雷器运行状态好坏的重要手段。

试验的方法是用工频交流耐压试验设备施加氧化锌避雷器的持续运行电压，将 LCD-2011 型氧化锌避雷器带电测试仪串接于避雷器的接地回路中，即可直接读出交流泄漏电流的容性分量和阻性分量，并可计算出交流泄漏电流。

这项试验也可在避雷器不退出运行，即在带电状态下用 LCD-2011 型氧化锌避雷器带电测试仪直接测量。但这样测量应在系统电压比较稳定，且与避雷器的持续运行电压基本相同的条件下进行，以便于测量结果之间的相互比较。

此外，有的避雷器放电计数器，除对避雷器放电计数外，还提供了避雷器在带电运行状态下测量交流泄漏电流的条件（其测量电路由氧化锌阀片和电子电路组成）。只要将交流电流表（一般采用万用表交流挡）并接在放电计数器两端，即可直接读出该避雷器的交流泄漏电流值。

试验的标准为测量值与初始值比较，当阻性分量增加到 2 倍初始值时，应缩短检测周期为 3 个月一次。实际上，当出现这种情况时，除按上述要求加强监测外，还应结合前两个试验的测量结果进行综合分析，作出最后的结论。

（二）放电计数器的动作试验

规程要求，在避雷器试验时，应对配套安装的放电计数器进行动作试验。

放电计数器的动作试验接线如图 11-15 所示。试验时，先将开关 S 掷向位置 1，用 500～1000V 绝缘电阻表向电容 C（电容量 5～10μF，额定电压 500V 以上）充电，当绝缘电阻表指针稳定后，将 S 迅速接入位置 2，使电容 C 向放电计数器放电，放电计数器应动作一次，跳过一个数字。反复试验几次，若均能正常动作，表明放电计数器性能良好。随后手动将其数码回零。试验时，在开关 S 投向位置 2 以前，不可停止绝缘电阻表，以免损绝缘电阻表。

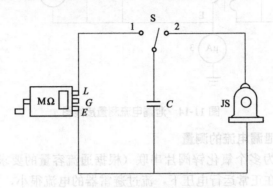

图 11-15　放电计数器动作试验接线图

① 熟练操作试验所用各种设备仪器。

② 绘制氧化锌避雷器绝缘试验各试验项目的试验接线图。

三、评价与反馈

（一）自我评价

1. 简答

① 氧化锌避雷器的绝缘试验项目包括哪些？

② 氧化锌避雷器绝缘试验需要用到哪些试验仪器？

③ LCD-2011 型氧化锌避雷器带电测试仪能够测量哪些参数？

④ 使用 LCD-2011 型氧化锌避雷器带电测试仪需要注意什么？

2. 综合评价

① 能否正确进行氧化锌避雷器的各项绝缘试验？　能□　　　不能□

② 能否根据测量结果正确分析判断氧化锌避雷器的绝缘状况？　能□　　不能□

③ 对本任务的学习是否满意？满意□　　基本满意□　　　不满意□

（二）小组评价

① 学习页的填写情况如何？

评价情况：_____。

② 学习、工作环境是否整洁，完成工作任务后，是否对环境进行了整理、清扫？

评价情况：_____。

参评人员签字：_____。

（三）教师评价

教师总体评价：

教师签字_____

_____年____月____日

工 作 页

工作任务	氧化锌避雷器绝缘试验	
专业班级		学生姓名	
工作小组		工作时间	

一、工作目标

① 了解氧化锌避雷器的特点。
② 掌握氧化锌避雷器绝缘试验项目所需试验仪器的使用方法。
③ 掌握氧化锌避雷器绝缘试验各项目的试验方法。
④ 掌握根据实验结果判断被试氧化锌避雷器绝缘状况的方法。

二、工作任务

使用相关试验仪器进行氧化锌避雷器绝缘试验项目，并通过试验结果综合判断被试氧化锌避雷器的绝缘状况。

三、工作任务标准

① 熟练掌握各试验仪器的使用方法。
② 学会根据《电力设备预防性试验规程》中的标准判断氧化锌避雷器的绝缘状况。

四、工作内容与步骤

根据相关章节内容完成氧化锌避雷器绝缘试验各试验项目——根据测量结果分析判断被试避雷器绝缘状况——提交工作页——反馈评价，总结反思。

各试验项目试验结果记录：

根据试验结果和相关试验标准分析判断氧化锌避雷器绝缘状况：

评 价 表

任务名称			氧化锌避雷器绝缘试验				
工作组			组长		班级		
组员				日期	月 日 节		
序号		评价内容			学生自评	学生互评	教师评价
知识	①	氧化锌避雷器存在的问题					
	②	氧化锌避雷器绝缘试验项目					
能力	①	各种氧化锌避雷器绝缘试验项目试验仪器的使用					
	②	根据试验结果对被试氧化锌避雷器的绝缘状况的分析判断					
职业行为	①	着装整齐,正确佩戴工具					
	②	工具和仪表摆放整齐					
	③	与他人进行良好的沟通和合作					
	④	安全意识、5S 意识					
综合评价							

收获感言

评价规则:
A. 完全掌握/做到/具备
B. 基本掌握/做到/具备
C. 没有掌握/做到/具备

任务十二 地网装置绝缘试验

学 习 页

任务描述

使用 DW100 地网参数综合测试系统对接地装置的接地阻抗、土壤电阻率、跨步电压和接触电压等参数进行测试。

一、学习准备

(一) 试验基本原理

电气设备的某些部分与土壤接触的金属导体,叫做接地体(接地极)。将接地体与电气设备连接起来的导线,叫做接地线。在牵引变电所中,采用了均衡电位的方法,即将电气设备的接地线与埋入地下的接地体均接至人工敷设的环形均压带上。设备的接地线、接地体、均压带组成牵引变电所内接地装置。

电气设备的接地按其目的不同可分为保护接地、工作接地和防雷接地。保护接地的目的是保护人身安全,例如电气设备的金属外壳、底座等由于绝缘损坏而有可能带电的部分应该接地,以免触电。工作接地是为了保证电力系统正常运行,例如电力变压器中性点接地。防雷接地是为了把雷引入地中,以消除过电压的危险,例如避雷针、避雷器的接地。变电所中的各种电气设备的非带电部分及一些特定部位均要可靠接地。

当电流由接地装置流入土壤时,土壤中呈现的电阻称为接地电阻,它包括接地装置本身的电阻和接地体与土壤间的电阻(包括接触电阻和散流电阻),其值等于接地体对大地零电位点的电压和流经接地体的电流的比值。为了保证设备和人身的安全,要求接地装置必须有足够小的接地电阻。不论是工作接地还是保护接地,当有电流通过接地体流入大地时,接地体电位升高,人若站在这样的地面上,有可能受到接触电压和跨步电压引起的电击伤害,当接地装置的接地电阻过大时尤其危险。因此对接地装置必须进行接地电阻试验,对新安装的接地装置必须测定接地电阻,以确定该装置能否投入运行。对运行中的接地装置也必须每年对其进行定期试验。接地电阻的试验就是通过仪器测试出散流电阻和接触电阻的阻值,接地装置本身的阻值很小,可忽略不计。各种接地装置的接地电阻标准如表12-1所示。

在测试接地装置的接地电阻时,如果测出的接地电阻值不符合标准要求,往往需要采用降阻措施,此时如能测试出该地区的土壤电阻率,则对决定使用何种降阻措施是有帮助的。

表 12-1　各种接地装置的接地电阻标准

设备类别	大电流接地系统	小电流接地系统	有架空地线的杆塔	避雷针、避雷线、避雷器	100kV·A 以上的变压器	100kV·A 及以下的变压器	零线重复接地
接地电阻/Ω	0.5	10	10	10	4	10	10

接地电阻和土壤电阻率的测量试验应在土壤干燥时进行，即土壤电阻系数最高时进行。如北方第一次试验应在夏季土壤最干燥时做，第二次则应在冬季土壤冰冻最甚时进行；南方则可以在较干燥的春季或秋季进行。土壤的湿度对接地电阻影响很大，因此雨后不宜测量。

（二）DW100 地网参数综合测试系统

1. 系统主要特点

① 能完成多个地网参数的分析测试，包括接地阻抗、土壤电阻率、跨步电压、接触电压、电位梯度等。

② 独有的频率分离技术，能在工频干扰电压和异频测试信号电压之比为 10：1 的条件下分离有用异频测试信号。以 2V 的异频测试信号电压计算，可在地中工频干扰电压为 20V 的条件下准确、稳定测试。

③ 变频试验电源可输出 40～65Hz（以 1Hz 为间隔，主要针对外配大功率电源；内部电源为 40Hz 和 65Hz）的试验电流，在各个频点测试的数据，折算到 50Hz 后取其平均值为测量结果。由于试验电流的频率与系统工频十分接近，因此可以认为试验电流在地中散流情况与工频电流的散流情况相同，所测结果可视为地网的工频特性参数。

④ 系统测试结果包括地网的接地阻抗 Z、纯电阻分量 R 和纯感抗分量 X，能有效消除测量过程中引线互感与地网自感的影响，得到真实的地网电阻分量 R，即使在强干扰电压和电流条件下，其测量结果仍具有很好的重复性和准确性。

⑤ 自动判断电流回路的阻抗，具备辅助电流极接线断线保护功能。

⑥ 仪器采用智能化控制，测试仪主机自动判断测试频率，可自动完成测试任务。

⑦ 仪器采用高精度传感器、高精度数模转换芯片和高性能数字信号处理器，测试信号动态范围宽，分辨率高，mV 级信号的测试也能保证精度。

⑧ 仪器采用大屏幕液晶显示，汉化菜单提示，人机界面简洁直观，由一个电子鼠标可完成所有操作，使用极为简单。

⑨ 仪器提供储存 512 组测量数据，掉电不丢失，可随时查看历史数据，也可随时打印。

⑩ 仪器采用稳定的正弦波信号试验电源，电流输出可调以满足不同条件的地网测试，且输出稳定平滑，纹波系数小。

2. 技术指标

① 试验电流的频率：内部输出 40～65Hz（外接电源支持 40～60Hz 频点，外加电源必须以 1Hz 为间隔）。

② 测试信噪比：10：1。

③ 额定输出电流：3～50A（外接电源），内部输出电流不小于 4.5A。

④ 最大空载输出电压：600V（有效值），内部电源最大输出不低于 100V。

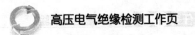

⑤ 阻抗测量范围：0.01~100Ω。

⑥ 阻抗测量准确度：阻抗大于0.1Ω时，±1.0%读数±0.001Ω。

⑦ 电流测量范围：1~50A。

⑧ 电流测量准确度：±0.5%读数±0.01A。

⑨ 电压测量范围：阻抗测试时：200mV~600V；电压测量时：2~200mV。

⑩ 电压测量分辨率：0.01mV。

⑪ 电压测量准确度：200mV~600V，±1.0%；2~200mV，±2.0%。

⑫ 供电电源：AC 220V±10%，50±1Hz，0.5kV·A（内部）。

⑬ 外部变频电源（选配）：AC380V±10%，50±1Hz，15kV·A。

⑭ 器使用环境：环境温度：-15~40℃；相对湿度：<90%。

3. 面板介绍

测试主机正面板和侧面板见图12-1和图12-2。

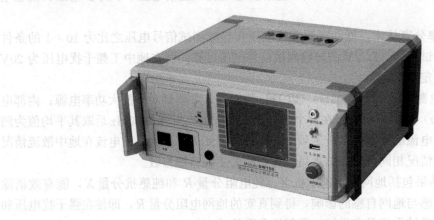

图12-1　测试主机正面板

正面板上有电源插座、电源开关、复位按钮、旋转鼠标、液晶对比度调节旋钮、打印机、USB接口等。

测试电压和测试电流输入端子在上盖板上（图12-2）。不同时期的面板布局可能有差别，但功能是一致的。

图12-2　测试主机侧面板图

138

外接电源时，通过 C1，C2 端子将仪器内部的电流互感器接入电流回路；使用内部电源时，直接从 C1、C2 输出测试电压。USB 接口接入 U 盘可以导出测试数据。

4. 操作说明

（1）阻抗测试

外加电源必须以 2.5Hz 为间隔。进入"阻抗测试"界面后，首先选择电流传感器的量程，如图 12-3 所示。电流传感器配置 10A 和 50A 两个量程，默认为 50A，10A 量程用于接地阻抗较大的地网测量。单击"确认"后，进入测试和记录界面，如图 12-4 所示。选择使用内部电源时，"开始记录""测试完毕"两个菜单是不存在的，仪器自动完成测试。

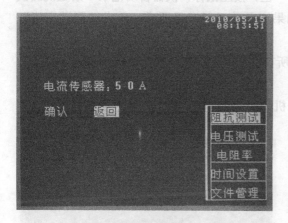

图 12-3 电流传感器量程选择界面

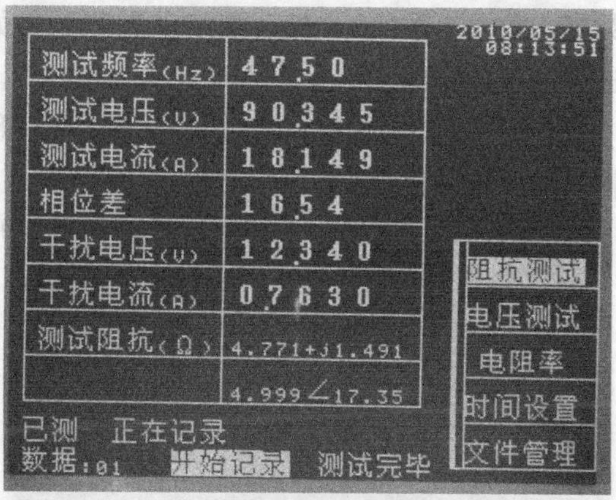

图 12-4 阻抗测试和记录界面

测试结果动态显示和刷新，自动判断、显示试验频率、异频测试电压和电流，工频干扰电压和电流，测试阻抗，以两种矢量表达方式显示。

外接电源时，若需要记录，将光标移动到"开始记录"一栏，按压鼠标，仪器自动记录一条阻抗测试数据，将数据组数加 1，然后继续动态测试，如果数据稳定，完成测试，单击"测试完毕"。一次测试容许的最大记录数是 25 条。阻抗数据保存界面见图 12-5。

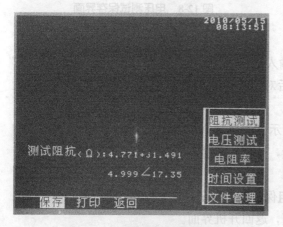

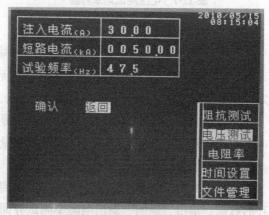

图 12-5 阻抗数据保存和打印

图 12-6 电压测试设置界面

在图 12-5 中，单击"保存"，将所有数据组保存在一条记录中，单击"打印"将打印最后一组保存的数据。单击"返回"退出阻抗测试界面，返回开机界面。

（2）电压测试

只能外接电源进行试验，外加电源必须以 2.5Hz 为间隔，且要求输入被测试信号的频率。移动鼠标到"电压测试"菜单，进行跨步电压和接触电压以及电位分布测试，见图 12-6，对注入电流、短路电流和试验频率进行设定，确定后进入测试和记录界面，见图 12-7。

测试结果动态显示和刷新，显示试验频率、注入电流和短路电流以及测试的电压值和折算值。

若需要记录，将光标移动到"开始记录"一栏，按压鼠标，仪器自动记录一条阻抗测试数据，数据组数加 1，然后继续动态测试，如果记录数已经满足要求，单击"测试完毕"，进入电压数据保存界面，见图 12-8。

在图 12-8 所示界面中，单击"保存"，将所有数据组保存在一条记录中，单击"打印"，将打印所有保存的数据。

单击"返回"退出电压测试界面，返回开机界面。

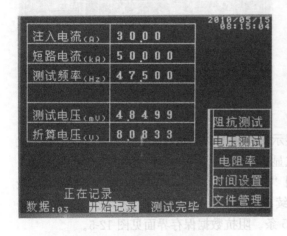

图 12-7　电压测试记录界面

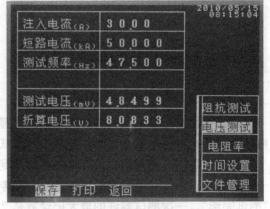

图 12-8　电压测试保存界面

（3）土壤电阻率测试

外加电源必须以 2.5Hz 为间隔，且要求输入被测试信号的频率。移动鼠标到"电阻率"菜单，进行土壤电阻率测试，见图 12-9。然后对电流传感器量程、试验频率和极间距行设定，确定后进入测试和记录界面，如图 12-10。

测试结果动态显示和刷新，自动判断、显示试验频率（可以不设置）、异频测试电压和电流、工频测试电压和电流、测试的电阻分量，计算的土壤电阻率。

电压数据保存界面见图 12-11。

图 12-11 中，单击"保存"，将所有数据组保存在一条记录中，单击"打印"，将打印保存的数据。单击"返回"退出电阻率测试界面，返回开机界面。

同样，使用内部电源时，试验过程自动完成，不需要人工干预。先在 47.5Hz 下试验，然后在 52.5Hz 下进行试验，试验完成后进入图 12-11 所示的显示界面。

图 12-9　土壤电阻率测试设置界面

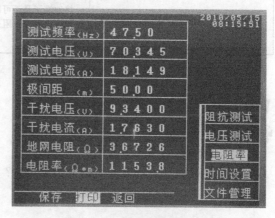

图 12-10　土壤电阻率测试和记录界面　　　　**图 12-11　土壤电阻率保存界面**

5. 注意事项

① 测试前一定要确保仪器的接地端子可靠就近接地。

② 仪器测试过程中，外接电源时，耦合变压器最大输出电压为 600V，请勿触摸，以保障人身安全。

③ 测量 500kV 变电站等大型接地网时，在数千米长的电流线和电压线上往往有较高的感应电压，需注意安全。

④ 连接至被测地网的电压端子和电流端子应分开连接至地网接地点，以免引入接触电阻和引线电阻，导致不必要的测量误差。

⑤ 夏天测试时，应避免强太阳光直接照射 LCD，以免液晶显示屏性能老化。

⑥ 辅助电流极应选择在潮湿的地方，以保证辅助电流极自身具有较小的接地电阻。电流极接地电阻最好不大于 20Ω，可采用 3 至 5 根 1.2m 的角铁间隔 1m 呈三角形打入地中，角铁埋深至 1m 左右，若电流极电阻仍然偏大，可采用增加接地极角铁根数或在接地极周围泼水等方法降低其接地电阻，从而使仪器能输出尽量大的试验电流。

电流极布置位置与接地网边缘的直线距离大约是接地网对角线长度的 3～5 倍，为保证电流极回路具有较小的电阻，对于对角线长度在 200m 以内的 220kV 及以下等级的变电站接地网或其他接地网，可采用截面积为 2.5mm² 的铜线作电流极引线，对于更大的接地网，电流极引线截面积根据情况可采用 2.5mm² 或 4mm² 的铜线，铜线的电阻可按照 17Ω/km · mm² 进行估算。电压极引线可采用截面积为 1.5mm² 的铜线。

6. 故障及其排除

不带测试电源的仪器，内部采用锂电池供电，充满电的情况下工作时间不小于 3h。故障及排除方法如表 12-2 所示。

表 12-2　DW100 地网参数综合测试系统故障及排除方法

故障现象	故障的可能原因	排除故障的方法
开机无显示	电池是否已经缺电	接入交流电源
仪器开机显示正常，但拒绝工作或出现乱码或其他异常现象	系统软件逻辑可能遭到损坏 仪器硬件故障	请与供应商联系
测试过程正常，但测试结果不稳定，或者仪器输出的电流较小	接地端子是否可靠接地 电流极回路电阻是否过大 接线是否牢靠	重新处理电流极和电压极，减小其接地电阻，必要时在接地极周围泼些水

① 地网装置的作用是什么？

② 接地电阻和土壤电阻率的含义是什么？

③ 为什么要进行接地电阻试验？

二、计划与实施

DW100 地网参数综合测试系统采用独特的信号处理技术，有效地消除了接地网参数测试过程中环境电磁干扰的影响，能够完成大型地网的接地阻抗、土壤电阻率、跨步电压和接触电压等参数的测试。

1. 接地阻抗测试接线

仪器的测试接线方式如图 12-12 和图 12-13 所示，根据电压极和电流极两根引线的不同放置方式可以分为平行线法和夹角法。

① 平行线法：图 12-12 中电压引线长度约为 0.5~0.6 倍电流引线长度，电流引线长度为 (3~5)D（D 为接地网对角线长度）。平行布线法测量会因电流线和电压线间互感的存在而引入误差，条件允许的情况下不宜采用。如果条件所限而必须采用时，由于本仪器可以有效消除线间耦合互感影响，仍然可以保证较高的测量精度。

② 夹角法：图 12-13 中电流引线长度为 (3~5)D，对超大型接地装置则尽量远；电压引线长度与电流引线长度相近。如果土壤电阻率均匀，可采用电流引线长度和电压引线长度相等的等腰三角形布线，此时两根引线夹角 θ 约为 30°，电压引线长度与电流引线长度均为 2D。只要条件允许，推荐采用电流—电位线夹角布置的方式。

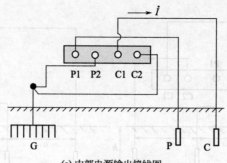

(a) 内部电源输出接线图

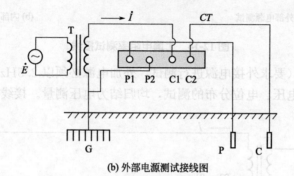

(b) 外部电源测试接线图

图 12-12　接地阻抗测试平行接线示意图

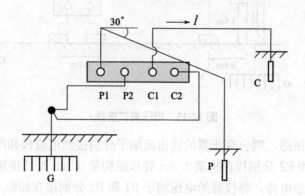

图 12-13　接地阻抗测试夹角接线示意图

接于仪器的电流回路。测量时所加出电流宜于分流电阻及断路阻和断前的回路端上。将仪器的电流极于 P1 和 C2 分别接至电流棒 0.8m 使在相邻棒和被接地网合属材料上。注意仪器回测相接触电极、将仪器的电压端于 P1 和 P2 分别接在相距 0.8m 的两个被电极 1.高电极准电流，如果在电压范围于被测接地网直接前相距 1 (2.5k)，测阻阻值直接接阻力与通过此电流管同面比给放对接网上装置面电且间测值电及以缩电压分为。

接待入式的四极极极极极长…

2. 土壤电阻率测试接线（外加电源必须以 2.5Hz 为间隔）

测量土壤电阻率采用四极法的原理，接线如图 12-14 所示。

将耦合变压器的输出分别引至两个电流极，电压极引入仪器测量端 P1 和 P2。两电极之间的距离 a 应等于或大于电极埋设深度 h 的 20 倍，即 $a \geqslant 20h$。由接地电阻测量仪的测量值 R，得到被测场地的土壤电阻率 $\rho = 2\pi a R$。

测量电极建议用直径不小于 1.5cm 的圆钢或不小于 25mm×25mm×4mm 的角钢，其长度均不小于 40cm。

被测场地土壤中的电流场的深度，即被测土壤的深度，与极间距离 a 有密切关系。当被测场地的面积较大时，极间距离 a 应相应地增大。

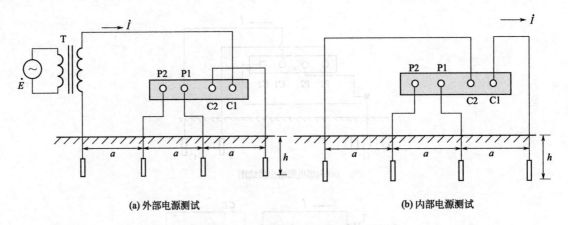

(a) 外部电源测试　　　　　　　　　　　　　(b) 内部电源测试

图 12-14　土壤电阻率测试接线

3. 电压测试接线（要求外接电源进行测试，外加电源必须以 2.5Hz 为间隔）

跨步电压、接触电压、电位分布的测试，均归结为电压测量。接线方式见图 12-15。

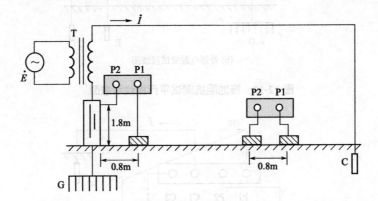

图 12-15　电压测试接线

接好仪器的电流回路，耦合变压器的输出流端子分别接到电流极和所指定的构架上，将仪器的电压端子 P1 和 P2 分别接在构架 1.8m 处和距构架 0.8m 处的接地网金属材料上，按仪器操作说明测量接触电势，将仪器的电压端子 P1 和 P2 分别接在相距 0.8m 的两个接地极上测量跨步电势。如果在电压测量端子 P1 和 P2 上并联电阻 R_m（1.5k），则测量值分别为与通过接地装置的测试电流对应的接触电压值和跨步电压值。通过改变两个接地极的距离可以测量电位分布。

模拟人的两脚的金属板采用半径为 0.1m 的圆板或 0.125m×0.25m 的长方板。为了使金属板与地面接触良好，把地面平整，洒一点水，并在每一块金属板上放置超过 15kg 的物体。

（做一做）

在理解接线原理的基础上，绘制接地电阻、土壤电阻率、电压测试接线图，并熟练掌握。

三、评价与反馈

评一评

（一）自我评价

1. 简答

① DW100 地网参数综合测试系统如何使用？

② 使用 DW100 地网参数综合测试系统进行试验时需要注意什么？

③ DW100 地网参数综合测试系统可能出现哪些故障？如何排除？

2. 综合评价

① 能否正确使用 DW100 地网参数综合测试系统进行地网装置绝缘试验？能□　　不能□

② 能否正确进行试验接线？能□　　不能□

③ 能否根据试验结果正确判断地网装置绝缘状况？能□　　不能□

④ 对本任务的学习是否满意？满意□　　基本满意□　　不满意□

（二）小组评价

① 学习页的填写情况如何？

评价情况：＿＿＿＿＿＿＿＿＿＿＿＿＿＿＿＿＿＿＿＿＿＿＿＿＿＿＿＿＿。

② 学习、工作环境是否整洁，完成工作任务后，是否对环境进行了整理、清扫？

评价情况：＿＿＿＿＿＿＿＿＿＿＿＿＿＿＿＿＿＿＿＿＿＿＿＿＿＿＿＿＿。

参评人员签字：＿＿＿＿＿＿＿＿＿＿＿＿＿＿＿＿＿＿＿＿＿＿＿＿＿＿＿。

（三）教师评价

教师总体评价：

教师签字＿＿＿＿＿＿＿＿＿

＿＿＿＿＿＿年＿＿＿月＿＿＿日

145

工 作 页

工作任务	地网装置绝缘试验	
专业班级	学生姓名	
工作小组	工作时间	

一、工作目标

① 掌握 DW100 地网参数综合测试系统使用方法。
② 掌握使用 DW100 地网参数综合测试系统测量地网装置各试验项目的试验方法。
③ 掌握判断地网装置绝缘状况标准。

二、工作任务

使用 DW100 地网参数综合测试系统对地网装置进行接地电阻、土壤电阻率、电压测试，并根据测试结果判断地网装置绝缘状况。

三、工作任务标准

① 熟练掌握 DW100 地网参数综合测试系统使用方法。
② 学会根据《电力设备预防性试验规程》中的标准判断地网装置的绝缘状况。

四、工作内容与步骤

使用 DW100 地网参数综合测试系统对地网装置进行相关试验——根据测量结果分析判断被试地网装置绝缘状况——提交工作页——反馈评价，总结反思。

各试验项目试验结果记录：

根据试验结果和相关试验标准分析判断地网装置绝缘状况：

评 价 表

任务名称				地网装置绝缘试验			
工作组		组长		班级			
组员				日期	月 日 节		
序号		评价内容			学生自评	学生互评	教师评价
知识	①	接地电阻和土壤电阻率的含义					
	②	进行地网装置绝缘试验的目的					
能力	①	DW100 地网参数综合测试系统的使用					
	②	根据试验结果判断地网装置绝缘状况					
职业行为	①	着装整齐,正确佩戴工具					
	②	工具和仪表摆放整齐					
	③	与他人进行良好的沟通和合作					
	④	安全意识、5S 意识					
综合评价							

评价规则:
A. 完全掌握/做到/具备
B. 基本掌握/做到/具备
C. 没有掌握/做到/具备

收获感言

参 考 文 献

[1]　赵智大. 高电压技术 [M]. 3 版. 北京：中国电力出版社，2018.
[2]　沈其工，等. 高电压技术 [M]. 4 版. 北京：中国电力出版社，2019.
[3]　陈昌渔，等. 高电压试验技术 [M]. 4 版. 北京：清华大学出版社，2017.
[4]　王睿，邓小桃. 高电压技术 [M]. 北京：中国铁道出版社，2019.
[5]　孙长海. 高电压技术实验教程 [M]. 大连：大连理工大学出版社，2016.
[6]　艾青. 高电压技术试验教程 [M]. 武汉：华中师范大学出版社，2017.
[7]　苏渊，伍家洁. 高电压技术实训指导 [M]. 重庆：重庆大学出版社，2015.
[8]　张磊，等. 电气设备预防性试验技术问答 [M]. 北京：中国电力出版社，2017.
[9]　唐炬，等. 高电压工程基础 [M]. 2 版. 北京：中国电力出版社，2018.
[10]　邱永椿. 高压电气试验培训教材 [M]. 北京：中国电力出版社，2016.
[11]　陈天翔，等. 电气试验 [M]. 3 版. 北京：中国电力出版社，2016.
[12]　GB/T 1094.3—2003. 电力变压器.
[13]　NB/T42102—2016. 高压电器高电压试验技术操作细则.